临 风 君 形 象 美 学 课

# 形 象 管 理 与 时 尚 穿 搭

## I M A G E
## M A N A G E M E N T

临 风 君 ——————— 著

人 民 邮 电 出 版 社

北 京

**图书在版编目（CIP）数据**

形象管理与时尚穿搭 / 临风君著. -- 北京：人民
邮电出版社，2023.1
（临风君形象美学课）
ISBN 978-7-115-60741-6

Ⅰ．①形… Ⅱ．①临… Ⅲ．①人物形象－设计②服饰
－搭配 Ⅳ．①B834.3②TS973.4

中国版本图书馆CIP数据核字(2022)第249316号

## 内 容 提 要

本书系统阐述形象管理与时尚穿搭的方法与技巧。

本书由 8 部分组成，具体内容包括形象管理的意义、妆容管理技巧、发型管理技巧、服装色彩搭配方法、穿搭风格定位方法、时尚穿搭的服饰造型方法、衣橱管理技巧和气质养成方法。

通过对本书的学习，读者可以在追寻美的过程中，遇见更美好的自己。

◆ 著　　　　临风君
　　责任编辑　牟桂玲
　　责任印制　胡　南
◆ 人民邮电出版社出版发行　　北京市丰台区成寿寺路 11 号
　　邮编　100164　电子邮件　315@ptpress.com.cn
　　网址　https://www.ptpress.com.cn
　　北京瑞禾彩色印刷有限公司印刷
◆ 开本：700×1000　1/16
　　印张：16　　　　　　　　2023 年 1 月第 1 版
　　字数：233 千字　　　　　2024 年 8 月北京第 6 次印刷
　　　　　　　　定价：108.00 元
读者服务热线：(010)81055410　印装质量热线：(010)81055316
反盗版热线：(010)81055315
广告经营许可证：京东市监广登字 20170147 号

# "数艺设"教程分享

本书由"数艺设"出品，"数艺设"社区平台（www.shuyishe.com）为您提供后续服务。"数艺设"社区平台，为艺术设计从业者提供专业的教育产品。

## 与我们联系

我们的联系邮箱是 szys@ptpress.com.cn。如果您对本书有任何疑问或建议，请您发邮件给我们，并请在邮件标题中注明本书书名及 ISBN，以便我们更高效地做出反馈。

如果您有兴趣出版图书、录制教学课程，或者参与技术审校等工作，可以发邮件给我们。如果学校、培训机构或企业想批量购买本书或"数艺设"出版的其他图书，也可以发邮件联系我们。

## 关于"数艺设"

人民邮电出版社有限公司旗下品牌"数艺设"，专注于专业艺术设计类图书出版，为艺术设计从业者提供专业的图书、视频电子书、课程等教育产品。出版领域涉及平面、三维、影视、摄影与后期等数字艺术门类，字体设计、品牌设计、色彩设计等设计理论与应用门类，UI 设计、电商设计、新媒体设计、游戏设计、交互设计、原型设计等互联网设计门类，环艺设计手绘、插画设计手绘、工业设计手绘等设计手绘门类。更多服务请访问"数艺设"社区平台 www.shuyishe.com。我们将提供及时、准确、专业的学习服务。

**时尚临风 & BBLLUUEE 艺术跨界秀——寻迹·苗**

总设计、总导演：临风君

# 生命是一场
# 对美的追寻

2019 年，在结束了三年游历回国后，我再次去了敦煌。

"你知道永远有多远吗？"
"一千年也只是一瞬间！"

这是敦煌实景演出《又见敦煌》里的两句对白。每一次经历人生的转折，我都会去一次敦煌，重走一次丝路。无论是千年戈壁的旷远，还是万年黄沙的苍凉；无论是玉门关晚霞中的残垣，还是莫高窟艳阳下的佛龛……每一次再见敦煌，它们都能带给我力量！

"生命没有永恒，但美会留下永远！"
每一次离开敦煌，这句话都会反复出现在我的脑海。

在时尚领域创业 20 年，我一直在东西方文化之间行走。尤其是带领"时尚临风"一路向前的这 10 年里，无论我在世界的哪个角落，无数个深夜，在阅读数以万计的读者留言时，我看到了东方美的觉醒，看到了一代中国人追寻美的热情。

10 年时尚新媒体总编，经我之手的时尚趋势与着装搭配文章，数以千篇；20 年时装设计总监，经我之手的时装设计与服饰搭配作品，数以万计。归国后的这 3 年，中国形象美学行业风起云涌。也正是在这 3 年里，我用"寻迹东方"艺术跨界秀，用"时尚临风"艺术空间时尚文化展览，用"时尚临风"艺术跨界沙龙，用临风君形象做美学知识直播……将"时尚临风"极具影响力的理念转化为极具传播力的成果，向着"中国时尚产业文化推手，艺术生活方式跨界平台"的愿景不断前行。

我爷爷是一位民间皮影艺人，从小，爷爷带着我打龙鼓、玩皮影。能歌善舞的母亲有着朴素的美的感知"要打扮好才能出门"；外婆住在山里，母亲会穿上最好看的衣服，带着穿上新衣服的我去看她的母亲，而她的母亲远远地看着我和我的母亲，一定会返回屋里换上好看的衣服再出门，迎接我和我的母亲。12 岁的少年进城读初中了，负责校广播站的老师把我从几百个学生里"拎"出来，告诉我"校广播站以后归你负责"。很多年后，我意识到那是一只改变我命运的手伸向了我，尤其是，当我年过不惑，再次见到那位老师时，白发苍苍的老师依然记得我："选中你是因为你穿了一件与众不同的衣服。"

时尚是时间的沉淀，生命是一场对美的追寻！岁月长河里，我们曾有过怎样锲而不舍的追寻，才会留下生命之美的时尚印迹？

生命是一场对美的追寻，我们追寻的不仅仅是着装搭配，也不仅仅是色彩造型，我们追寻的是更美更好的自己，这个过程本身就足以让生命更美更好，让世界更好更美！

怎样让自己更美？在中国形象美学行业快速发展的当下，服装搭配师、色彩搭配师、化妆师、发型师等群体都自称为形象管理师，这是对形象管理的误解。我们也很难通过单一的某个方向上的形象提升让自己变美。

形象美学正在将社会学、心理学、管理学、美学的相关内容汇聚在一起，形成一门新兴的综合学科。形象管理是形象美学支撑下的一个全新系统，不仅要实现人们外在整体形象与内在精神形象的和谐统一，也要探索服装本身的色、型、质与外在整体形象的和谐统一。

所以，形象管理师不仅要掌握形象美学的综合知识，还要了解形象管理体系涵盖的八大模块：形象理念、妆容、发型、色彩、风格、服饰造型、衣橱管理、气质修养。除了以上八大模块，形象管理体系还会外延到语言表达、情绪掌控、心理分析等，这些都属于形象管理体系的一部分。

我将会倾尽 20 年大时尚产业的创业经验与在时尚传媒、形象顾问行业的积累，并结合这些年持续不断的东西方文化行走、生活美学探索、艺术跨界实践，来完成"临风君形象美学课"系列图书。希望以此构建属于中国形象美学行业的新路径、新体系；也希望以此向社会公众传递"提升形象，提升生命质量"的新理念、新方法。

愿这本书伴随你，找到最美的自己！

临风君

2022 年 9 月 16 日于深圳

# 目录

■■■■■■ 第 **1** 部分

## 形象是一种无声的力量

■■■■■■ 第 **2** 部分

## 妆容管理是形象管理的第一步

## 第**3**部分

### 发型管理是形象管理的风格锚点

## 第**4**部分

### 色彩搭配决定你的品位

生命是一场对美的追寻
——临风君

# 形象是一种
# 无声的力量

# 白瑞芝

新中国第一代国家女排副队长

# 形象不是长相，
# 美不等于长得漂亮

长相是天生的，形象不是；
漂亮是天生的，而美不是。

如果你天生长得好看，要感谢父母，是父母给了你漂亮的五官长相。

如果你天生长得普通，那么恭喜你，在形象提升的路上，你有很大的"修炼"空间；在成长与变美的路上，你可以一步一个台阶，自信向前。

千万不要觉得自己长相普通，就放弃自己的形象了。30 岁以后，长相普通的人，反而更容易修炼出更美的形象。因为，形象绝不只是一张脸，形象包括发型、妆容、服饰、言谈举止、形体仪态等需要内外兼修的方方面面。

生命没有永恒，但美会留下永远。

3 年前我在时尚临风的秀场上第一次遇见时尚奶奶白瑞芝，她对我说，"临风君，我想在你们的 T 台上走秀"。我好一会儿没有反应过来，当时她穿着便装，满头银发，虽然气质不凡，但离我心目中的 T 台模特还相距甚远。然后，她在我面前一转身，一个漂亮的造型定格在嘈杂拥挤的人群中，她说："84 岁，才是我最美的模样。"

就在她定格的那一秒，我决定下一场秀要邀请她上 T 台；就在她说"84 岁，才是我最美的模样"的那一瞬间，我马上对我的同事说"用这句话，即兴拍一条短视频"。那条短视频成了"临风君 - 时尚临风"视频号第一条播放量突破 50 万的"爆款"。

后来，我知道白瑞芝是中国女排第一任副队长，退役后，白瑞芝也有过一段迷茫期，直到 52 岁开始学习形象管理、开始练习模特走秀。随后，白瑞芝的人生发生了翻天覆地的变化。

白瑞芝的形象以 52 岁为分界岭。52 岁前的白瑞芝长相并不出众，虽然个子较高，但仪态并不像今天这么优雅；虽然担任过中国女排副队长，但是并没有多少人记得她。

自从 52 岁开始全方位学习形象管理：
60 岁的白瑞芝，会化妆了，会着装搭配打扮自己了；
70 岁的白瑞芝，走在大街上会有人想和她合影了；
80 岁的白瑞芝，走秀走上中央电视台星光大道了；
85 岁的白瑞芝，有品牌邀请她做代言人了……

第 2 课 **形象只有特点，**
**没有缺点**

你没有看错，这是同一个人。

"费费是一位护士，她的歌声很美。"
　一年前，她的朋友这样介绍她。

"费公子是一位护士，也是一位歌手，她很酷，也很美！"

现在，她被人这样介绍。

虽然我认识费费有很多年了，但一直对她印象不深，只记得她是一位护士，会弹吉他，会唱歌。有一天她来找我，想借时尚临风艺术空间的场地办一场网络演唱会。当时其他场地都空不出来，于是我把临风君直播间借给她用。直播间也是我的工作室，我没地方可去，就在一边写文案，看前面的她直播演唱。她一开口，我就没法再写下去——她的声音实在太好听了。但是，她穿了一件灰绿色 T 恤套一件土黄色背心，再配上牛仔裤就开唱了，看上去也没有化妆。演唱会的直播效果，显而易见不会好。我把她留下聊了几句：

"费费你的歌声这么美，开演唱会为什么也不打扮一下自己？"
"反正我长得也不好看，打扮不打扮都一样。"
"不，你长得很有特点，你的形象特点完全可以变成形象优点。"

一周后的周末，费费从时尚临风化妆造型试衣间走出来，她在镜子前愣住了。费费用双手摸着自己的脸，嘴一直张着，眼睛慢慢红了起来：
"天呐！我有这么好看吗？"
"费费，你很酷，也很美！"

我和时尚临风造型师团队的同事们，用了一周时间为费费进行了一系列的色彩搭配测试与着装造型试验，最终为费费提出了 6 条形象管理建议。

完成这场素人改造试验后，我为费费录制了一条标题为"时尚是什么？时尚是让我们把平常的日子过得不平常"的短视频发布在"临风君－时尚临风"视频号上。这条40万播放量的短视频，同样引起了很多人的关注，不少读者留言想看费费现场演唱。这条短视频也引起了中央电视台《星光大道》栏目组的关注，经过视频面试，费费顺利通过栏目组的各项考核，参加了《星光大道》节目录制。

一个月后，费费在时尚临风艺术空间成功举办了第一场个人专场演唱会，那个从不打扮自己的费费，终于成为舞台上熠熠生辉的"费公子"。

从一个从不打扮自己的"素人业余歌手"费费，到"用形象说话，用色彩表达"的专业歌手费公子；从业余舞台，到网络舞台，到中央电视台，这场素人形象改造试验，也给了其他"素人"很多鼓舞——任何形象普通的"素人"都可以通过形象管理让自己变得更美。

形象只有特点，没有缺点！

—————

我们是对精心打扮的自己习以为常？
还是对日常平凡的自己习以为常？
这是不同的人生境界。

—————

## 艺名建议

/

费费读音和狒狒一样，很容易产生歧义，结合费费的中性风格特质，建议费费艺名更改为"费公子"。

## 风格建议

/

费公子的长相属于典型的中性风格，但脸圆，身材微胖，身形松垮。费公子习惯的休闲着装风格会暴露她所有的形象缺点。费公子的着装风格应修正为帅气中性风格，以强化费公子的形象特质。

## 妆容建议

/

费公子肤色原本较为白皙，但她放弃了形象管理，任由阳光照射，紫外线造成了肤色暗沉与光老化，应通过日常防晒和基础妆容，实现肤色优化。在此基础上，夸张运用蓝绿色调眼影，突显费公子与众不同的中性风格特质。

ima

### 发型建议

/

保持短发造型，通过发型上扬，拉伸面部视觉长度，再增加一缕同色上扬刘海，局部漂染，让发色与眼影、服装实现同色系呼应，并用局部发色夸张的方式，增强费公子整体形象视觉识别度。

### 服饰搭配建议

/

通过色彩测试，固化最适合费公子的两组蓝绿色系搭配，蓝绿色系配色，成为费公子的基础着装造型配色。再配合妆容色、发型色，费公子就可以用形象说话，用色彩表达。

### 形象管理综合建议

/

每周 3 次有氧运动，减脂塑形；学习服饰搭配与妆容造型，成为时尚达人型歌手；拓宽阅读、练习瑜伽、学习优雅仪态，由内而外提升气质与整体形象。

形象
管理
建议

# 提升形象，
# 就是提升生命质量

"40 岁以后，我特别焦虑，觉得自己就像一台机器，有工作热情，没有生活激情，不会化妆，也不懂得如何打扮自己。虽然即将从国企中层干部升职到更高的管理岗位，但我深陷焦虑，长期失眠，觉得人生一片迷茫。

"有一年出差到香港，我发现那些香港职场女性管理者的状态完全不一样：她们妆容精致、形象高贵、步伐坚定、举止优雅……我对自己说：这就是我要的工作状态和生活中的样子。

"从香港回来我就辞职了，然后去了一趟法国，我想亲自感受什么是法式优雅。

"回来后，我应聘到了香港卫视办公室主任的岗位。第一次参加台里的年终派对，我作为办公室主任，在这种场合显得很拘谨，关键是我不知道怎样打扮自己才算优雅得体。

2012 年，林雁在香港卫视担任办公室主任

2022 年，林雁在深圳创立林雁形象艺术中心

"然后，我把接下来两年的业余时间和假期都用在到香港学习形象管理、到日本学习妆容造型、到法国学习优雅仪态、到英国学习服装搭配。两年后，我的人生发生了翻天覆地的变化。首先是香港卫视的同事们发现我越来越会打扮了，每天我听到的都是各种赞美，和香港同事相比，甚至是和外籍同事相比，我的着装搭配，我的仪态风貌，都毫不逊色。在越来越多的赞美声中，我逐渐找到了自信。

"更大的转机发生在 2018 年，香港卫视台长推荐我参加 UNG '2019 全球联合选美盛典'。接下来的一整年，台里支持我参加大赛组委会举办的各种选手培训，我自己也特别努力，练习优雅仪态、学习妆容造型、训练语言表达……我获得了 '2019 全球联合国太太中国区总冠军'，半年后，我成为香港卫视副总裁。"

以上是我对林雁女士的一次采访记录。

2020 年，林雁从香港卫视副总裁岗位退休。

2021 年，林雁创立林雁形象艺术中心。

2022 年，林雁成为 UNG 全球联合选美盛典大中华区荣誉主席。

40 岁后的林雁，从一位迷茫的国企中层管理者，到港资企业中层管理者，再到香港卫视高管，最后成为林雁形象艺术中心创始人。一路走来，从迷茫到自信，从自信到绽放，用她自己的话说，就是"提升形象，让我的人生下半段，真正活成了我想成为的模样。"

找到自信，找回自己，活成自己想要成为的样子……林雁表达的是同一种内涵：提升形象，就是提升生命质量。

第 4 课

# 提升形象，
# 应该从哪里开始

形象是人的外在表象和内在修养相互融合后给人带来的综合感知，所以，提升形象，提升的是一个系统，包括形象综合认知、外在形象修饰、内在形象修炼。当你翻开这本书读到这里时，你的形象综合认知就已经开启了。内在形象修炼是一个长期过程，这里暂且不说，而外在形象修饰从以下三方面入手，提升形象会比较容易看到效果。

**第一方面，提升形象从"头"开始。**

时尚临风美学院核心导师——思婷老师是一位 7 岁孩子的妈妈，下面 4 张照片分别展示了她从大学到初入职场，到成为专业形象顾问，再到自己创业并成为时尚临风美学院核心导师这 4 个人生阶段的形象。对比这 4 张照片，我们能看到发型、妆容在思婷老师不同阶段对其形象的显著影响。

当我们谈到"形象提升"这个话题时，很多人的第一直觉是通过改善服饰穿搭来提升形象。但在专业形象顾问眼里，发型和妆容的提升，是实现形象提升的优选项。

2010 年思婷老师读大学

2012 年思婷老师初入职场

2016 年思婷老师成为专业形象顾问

2022 年思婷老师成为时尚临风美学院核心导师

———

时尚是选择的智慧。

———

在大学和初入职场阶段，由于形象认知和经济实力有限，我们往往将精力和金钱优先用于改善自己的着装。但服装搭配能力的提升，是一个漫长的"进化"过程。一旦意识到发型和妆容的改变能快速提升形象，我们就找到了一条形象提升的"快车道"。

在我创业的这 20 年里，我面试过上千位员工，我一直记得一位初入职场女生的面试情景：简历、形象、着装、表达等各方面都不突出，但她一坐在我面前，我的视线就被她的发型和妆容吸引——明显是仔细打理过的一头长发，侧面漂染了少许棕色，眼影和口红是略显夸张但也毫不违和的棕色。在同一时期的所有面试者中，这是唯一注重发型、妆容的应聘者。在沟通过程中我留意到，对细节的关注是她的优点。多年后她已经是公司的中层管理者了，聊起当年的应聘过程，她告诉我："那时没有钱买更好的衣服，只能通过发型和妆容来表达对这次应聘的重视。"

无论是从时间成本还是经济成本的角度，形象提升从"头"开始，都是明智的选择。

**第二方面，提升形象从"提升日常穿搭"开始。**

"我大学学的是市场营销，但我的第一份工作却是一家知名服装集合店的买手。"当思婷老师和我聊起她是怎样走上形象管理这条专业之路时，她提到"大学毕业后，提升日常穿搭起了决定性作用"。

"大学毕业找工作时我并不兴奋，学的是市场营销专业，寻找市场营销的相关工作机会，按部就班，乏善可陈。直至接到一家知名服装买手店关于销售岗位的面试通知——那是我梦寐以求的、与时尚相关联的一次面试机会。在短短一周内，我恶补了所能找到的所有时尚穿搭知识，也真正开始从每天的日常着装搭配入手，改变自己的形象。那次面试，我从发型、妆容到服饰搭配，有了全新的改变，并且从工作第一天开始，我就非常重视日常穿搭。面试我的店经理也总能关注到我在个人形象方面的点滴成长，3 个月试用期满后，她将我从普通销售岗位转到了买手岗位。之后，提升日常穿搭成为我工作的一部分，也让我在专业形象顾问这条路上越走越稳。"

思婷老师的这段经历，是许多中国形象管理师走上专业之路的一个缩影——没有人天生会打扮自己，就算是专业形象管理师也是一点一点积累而来。

对于普通人来说，提升形象离不开日复一日的"日常穿搭提升"。"日常穿搭"谁都能做到，"日常穿搭提升"却需要有意识且有毅力，才能真正实现日积月累、沉淀提升。

**第三方面，提升形象从"建立生活仪式感"开始。**

如果我们只是为了某些重要场合才注重形象，形象提升就只会是权宜之计，我们也无法真正实现形象提升。

日常生活就不是重要场合吗？

日常生活中就不需要注重形象吗？

我们是否到了改变对日常生活认知的时候了？

生动地活着，才是生活！

日常生活中，有了形象管理意识，我们才能真真切切地感受到平凡生活中那些点点滴滴的美好。

———

建立生活仪式感，不为展示，

只为做更好的自己。

———

时尚临风美学院核心导师　思婷老师

怎样为日常生活建立仪式感？

时尚奶奶白瑞芝说，"重视每天的梳洗打扮，哪怕去超市也要化妆才出门"。

思婷老师说，"周末去公园散步，我们一家人在服饰穿搭上会有色彩呼应"。

林雁老师说，"女儿周末回家吃饭，我要提前和她视频通话，这样，女儿到家的时候，就能看到妈妈和女儿穿的是闺密装"。

生活的仪式感，渗透在日常生活的点点滴滴。小到选择一只漂亮的杯子喝水，大到新房子装修时全家讨论配色怎样做到既好看又能提升生活品位。生活的仪式感，还可以是放着音乐洗碗、拖地，也可以是接孩子放学前认真涂上口红、精心搭配服饰……

提升形象，提升的不只是外在形象本身，更是自己由内而外对生活的理解，对生命的感知。当我们开启"形象提升"这个话题时，当我们讨论"形象提升从哪里开始"时，我们开启的已不仅仅是形象提升，而是生命质量的提升。

# 怎样让你的形象
# 价值千万

我们都有这样的经历：有的人从你面前经过，你还没来得及看清楚，他（她）就已经让你感觉到一种扑面而来的强大气场。这种强大气场就是一种高价值形象。

经历多了以后，你会总结出：大千世界，芸芸众生，那些衣饰搭配悦目、行为举止优雅、谈吐大方得体的他（她），在众人眼中的形象毫无疑问价值千万。

尤其是在当下的个人 IP 时代，个人形象对创业者、对品牌构建者、对各类管理者都起着举足轻重的作用。

传统企业要做到 10 亿元销售额，需要 1 人带着 1000 人；电商企业要做到 10 亿元销售额，需要 1 人带着 100 人；知名电商企业要做到 10 亿元销售额，只需要 1 人带着 10 人。

———
高级不在脸上，高级也不会写在衣服上，
但高级会留在你精心准备的着装里。
———

这种说法虽然有点夸张，但我们已经看到：打造个人品牌，成就超级 IP，已经成为一种时代趋势。

而打造个人品牌、成就超级 IP 的关键一环就是个人形象。个人形象价值千万，才可能 1 人带着 10 人实现 10 亿元销售额。

个人形象构建有三个核心要点：

第一，外在形象的风格内化；
第二，内在形象的智慧外化；
第三，内外形象呈现一致化。

**第一，怎样做到外在形象的风格内化？**

个人形象是外表、行为、语言、气质带给他人的整体感觉。当整体感觉是长期的、稳定的、可见的、可描述的，我们就会找到一些外在形象的代表性元素，这些代表性元素共同构成了外在形象的"风格"。当风格逐渐稳定，自己有了认知与认同，并有意识地持续输出时，就是外在形象的风格内化。

最容易找到的外在形象代表性元素是发型和服饰元素。

比如林雁老师，短发、小黑裙是她日常形象中最典型的元素。这两个元素组合在一起，任何时候她都呈现出优雅、知性的美。

林雁形象艺术中心创始人　林雁老师

时尚临风美学院创始人　Robin 老师

再比如时尚临风美学院创始人 Robin 老师，一直以深色西装、流行元素衬衣呈现自己的着装风格，给人传递的是"时尚的、绅士风格的"形象。

"只穿白衬衣的临风君"，在我自己都没有意识到时，就已经有很多人不约而同地用这句话来描述我了。我有很多白衬衣，但我的白衬衣又有很多细节上的差别，尤其是各种立领白衬衣于细节处体现出的东方文化质感，和我所从事的东方时尚文化传播关联在一起，给人的整体感觉是"儒雅而不失东方时尚"的品牌创始人形象。

### 第二，什么是内在形象的智慧外化？

内在形象确实很难具象呈现，但"价值千万"的个人形象一定离不开可视化的、内在智慧的外化表达……

那么，什么是智慧外化？

一个人的外在形象与言行举止，透露出他的内在沉淀与智慧积累。包括服饰穿搭，都是着装文化积累到一定阶段后，在服饰选择上的智慧体现。

比如在商务晚宴场合选择 T 恤、牛仔着装，透露出了对服饰基本知识的欠缺和对主人的不尊重。所以，内在形象智慧外化，首要是指"内在的选择智慧形成了外在的表达"。内在形象智慧外化有很多方面：挑选服装要与职业身份相符，配色配饰不能和场景有冲突，行为举止合乎礼仪礼节，公众场合语言表达有准备、有内涵等。

———

时尚是对自我的深入分析和对社会文化的理解
综合提炼而来的外在表达运用能力。

———

**第三，怎样做到内外形象呈现一致化？**

人人都是自媒体的时代，形象呈现无处不在。只有内外形象呈现一致，才能更好地传递出"我是谁""我有哪些价值""我能为你带来什么价值"。

我们仍以着装选择为例：一位女企业家在企业内部的形象、出席沙龙 / 讲座 / 论坛的形象、出镜接受采访的形象、在家面对家人的形象，虽然会有一些差异，但我们想象不出一位在家里蓬头垢面的母亲能够优雅地出席沙龙或讲座。再如，长期以短发、小黑裙呈现出优雅、知性形象的林雁老师，我们也想象不出她接受媒体采访时会穿着碎花连衣裙……当我们对一个人的形象形成一致的认知，也就意味着他长期呈现出了某种"内外一致"的形象特质。

内外形象一致，还指在形象管理上的自律与日常工作生活中的内外兼修。

当我们突破形象第一层级"外在形象"优化后，我们很快就会发现，形象管理不仅仅是外在形象的管理，还是一个人由内而外的行为举止的自律，更是一个人全方位提升自我的"内外兼修"的过程。外在着装的优雅，对应的是内心的坚定与知性；外在着装的轻松休闲，对应的是内心的随性洒脱、不拘一格。

最后，从传播无处不在的时代特征来看，内外形象的一致化呈现也是指：在各类传播平台，都尽可能做到妆容造型、服饰风格、语言表达、个性特质等方方面面的"内外呈现一致"。

# 第 2 部分

# 妆容管理是
# 形象管理的
# 第一步

第 6 课

# 妆容管理，从一支有灵魂的口红开始

　　2016 年我侨居在墨尔本东南的吉普斯兰的牧区。我有一个邻居，65 岁的艾伦，她养 15 头母牛，每年生 15 头小牛，小牛长大一点后卖出去的售价是 1000 澳元左右，她一年的收入不超过 15000 澳元。这在澳洲已经是贫困线以下了。但是，我有一次去她家里，发现她的化妆台上整整齐齐地排列着 29 支口红。我当时是一支一支数的，因为惊讶方圆几公里内，她只有我这一个邻居，她也很少进城，她每天和牛在一起，怎么用得着这么多口红呢？

有一天她先生发信息给我，他们家的母牛要生小牛了，我知道他们是想教我怎样给小牛接生。我开车到艾伦家的时候，她匆匆忙忙跑出来，又返回去拿了一条紫色披肩；她坐上我的皮卡准备去牛棚，车刚一发动，她照了一下后视镜，说要回去，口红颜色错了，紫色披肩应该配紫色口红。我不以为然，开玩笑说，我不介意。艾伦回答："刚出生的小牛会介意。"此刻，我的脑海里仍在飞速滚动着口红、65 岁的农妇、母牛生小牛的画面，这些画面叠加在一起却如此协调。

　　2008 年，我认识了法国时尚设计师协会主席格拉斯曼先生和他的夫人卡拉。有一年格拉斯曼和卡拉来中国，我去机场接他们的时候，卡拉对我说，她有一个请求，把副驾驶位置让给她。然后，在中国的这一周，我至少有 100 次看到卡拉对着靠近副驾驶座的后视镜换口红：换墨镜要换口红，换外套要换口红，换耳钉要换口红，换项链要换口红，换丝巾要换口红……卡拉离开中国的时候，我对她说："我记住了，法式优雅是换口红换出来的。"50 岁的卡拉爽朗大笑，玫红色的口红泛着耀眼的光泽。

―――――
出门一定要搭配好服装，化个淡妆，因为你不知道在下一个拐角，是不是能遇到 500 年前就注定要在今天与你相遇的那个人。
―――――

张爱玲常用一支口红描绘女人的世界："她的脸，毕竟上了几岁年纪，白腻中略透青苍，嘴唇上一抹紫黑色的胭脂，是这一季巴黎新拟的'桑子红'。"（《第一炉香》）

张爱玲爱口红，爱的是那一抹光鲜骄傲的姿态，爱的是灰暗世界里口红燃起的光芒与欲望。

"口红是女人的灵魂。"

"只要还愿意涂口红，你的生活就有希望。"

"口红的作用一点也不亚于时装，它使女人成为真正的女人。"

……

关于口红，有太多故事和名言。这一课不浪费篇幅教大家怎样选口红、怎样涂口红。选口红、涂口红实在简单，无非是了解自己肤色的冷暖深浅，搭配相应冷暖深浅的口红。这一点在实践中去尝试、去对比、去感知即可。选口红、涂口红没有方式方法的对错，需要的是那份与众不同的姿态。

很多女人们从小就拥有对口红着迷的姿态，只是在长大的过程中慢慢消逝，或是被生活的琐碎消磨殆尽。所以，这一课会重新激活大家内心对口红着迷的那个姿态。从暗自着迷到消失殆尽，再到重新让口红成为内心坚定的姿态，这是直面生活琐碎的姿态，是永远保持积极向上的生活热情的姿态。

每个女人，都值得把口红当作灵魂！

————

我们不是为了遇见谁而打扮自己，
我们只是为了遇见更好的自己而时刻做好准备。

————

# 日常淡妆的
# 6个步骤

化妆，尤其是习惯每天坚持化妆的女性，在气质与精神面貌上，都与不化妆的人有明显区别。当化妆成为一种习惯，也就意味着我们每天都在关注和美化自己的颜面，这会带来心理暗示："我每天妆容精致、打扮得体"，此时的自己，自然会昂首挺胸、自信满满。

日常淡妆的"日常"，意味着可以每天坚持，这就需要固化步骤、熟练流程。很多化妆技术娴熟的女性，能在 5 ~ 10 分钟完成日常淡妆。当我们熟练掌握这套流程后，每天所用时间不多，却能让人看到不一样的自己。

———
美，是当下日常的积累。
———

1 2 3 4 5 6

护肤　　底妆　　眼妆　　修容　　腮红　　唇妆

# 01

**妆前护肤。**妆前护肤不仅仅是护肤，妆前护肤后皮肤会变得滋润细滑，能避免因皮肤干燥不好上妆，出现脱妆、起干纹等情况。妆前护肤的顺序：化妆水（爽肤水）、精华乳液、防晒霜、隔离霜。

# 02

**底妆。**化妆初学者可以使用气垫来打造底妆，先用粉扑蘸取气垫粉，少量多次地拍在脸上，再用散粉或粉饼定妆。

# 03

**眼妆。**先画眉，根据自己的脸型选择合适的眉形，注意眉梢浅，眉尾深，化淡妆时眉毛不用画太浓。

再用浅色眼影打底，显得妆容干净精致。画眼线时，用棕色眼线液笔或眼线胶笔，从眼珠上方开始勾勒眼线。画眼线时留意两头细中间粗，这样画出的眼线会很自然。

# 04

**修容。**用化妆刷蘸取少量修容粉，扫在鼻梁两侧以及脸部周围，然后将高光粉扫在眉骨、鼻头、颧骨处，能让脸部看起来更加立体。

# 05

**腮红。**用一只大号化妆刷，蘸取腮红轻扫在颧骨处或苹果肌处，留意少量多层涂刷，妆容会更显自然。

# 06

**唇妆。**豆沙色是非常适合淡妆的口红色，能提升低调自然的淡妆质感。涂完后记得用指腹按压推开，避免妆感过浓。

略显精致的日常淡妆，在不失美感的同时，还能让你拥有迷人的优雅气质。

# 精致彩妆的
# 20 个小技巧

相比于日常淡妆、职场淡妆，精致彩妆更多用于特定场合，尤其是彩妆和服饰元素搭配在一起，会形成惊艳的超常规妆容效果。

精致彩妆根据场景，可以分为精致日常彩妆、沙龙彩妆、宴会彩妆、新娘彩妆、影视彩妆、舞台彩妆等。精致彩妆会更多地运用有色粉底、口红、眼影、腮红等色彩较浓的化妆品，美化面部，提升妆容效果。

着装搭配不只是穿衣打扮，也是对自己的尊重，
是对日常生活中美的感知，是对生活的热爱，是我们生而为人的一部分。

精致彩妆在化妆步骤上和日常淡妆差别不大，但在细节处理上有很大区别。我们在日常淡妆 6 个步骤的基础上补充 20 个精致彩妆小技巧，将有助于你提升妆容的精致度。

### 一、妆前护肤

**小技巧 1**：彩妆的妆前护肤更重要，因为彩妆妆容有一定的厚度，如果护肤不彻底，更容易出现卡粉、脱妆、起皮等毁妆现象。

**小技巧 2**：妆前护肤的每一步，都要等肌肤吸收得差不多了（摸着光滑不黏手），再进行下一步，这样可以有效避免化妆过程中常见的卡粉、搓泥等现象。

### 二、底妆

**小技巧 3**：底妆卡粉、起皮时，往粉底液里加一滴精华液，和匀了再涂在脸上，会顺滑很多。

**小技巧 4**：画脸颊底妆时，把腮红粉和粉底液调和在一起，轻拍在两颊上，比直接上腮红要自然得多。

**小技巧 5**：在粉底液里加入高光液（又称液体高光），可以打造出皮肤透亮的妆容效果。

### 三、眼妆

**小技巧 6**：如果眉毛稀少，要用很细的眼线笔逐笔画出眉毛。下睫毛稀少也可以用这个方法。

**小技巧 7**：东方女性大多数是鹅蛋脸，适合有自然曲度的标准眉（柳叶眉）；长形脸适合粗平眉；方形脸适合弯月眉；圆形脸适合画上欧式眉峰，这能使脸部看上去有棱角。

**小技巧 8**：画彩妆眼影时，尽量采用多层渐变画法。

**小技巧 9**：画眼线时，不要一次画到眼尾，而要在眼线液还没干时，用小刷子把它慢慢拉到眼尾，这样处理的眼线会很自然，也会使眼睛很有神。

**小技巧 10**：很多人的双眼上下位置不对称，可以在位置较高的那只眼睛的下方点上一颗小痣，这样，在视觉上可以起到平衡效果。

## 脸型与眉型

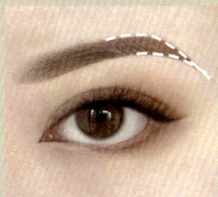

长形脸————————粗平眉　　圆形脸————————欧式眉　　方形脸————————弯月眉　　鹅蛋脸————————标准眉

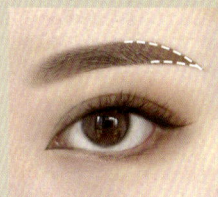

## 多层渐变画法

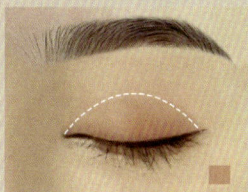

### 01 单色画法

用刷子蘸取单色眼影，轻轻扫在眼窝部位，靠近眼睫毛根部的眼影需要晕染得稍微浓一些。

### 02 双色画法

先用浅色眼影打底，再用同色系中颜色更深的眼影加深双眼皮褶皱部分。

### 03 三色画法

先用最浅色的眼影打底，再使用颜色稍深的眼影扫在双眼皮褶皱处，最深的颜色用于睫毛根部，注意晕染自然。

### 04 四色画法

在三色画法的基础上，将最浅色眼影加在眼皮中间提亮。注意，这种画法不适合单眼皮、内双、肿泡眼，会显眼睛肿。

## 四、修容

**小技巧** 11：鼻梁不高的话，在打鼻影时，可以在鼻梁和鼻尖中间轻轻扫一条阴影，能从视觉上使鼻子有立体感。

**小技巧** 12：不同脸型采用不同修容方式，可以强化优点，修饰不足。

## 五、腮红

**小技巧** 13：面色苍白的话，腮红不要太集中在两腮，可以轻扫到额头，再顺便扫一点儿到鼻头，通过腮、额、鼻的呼应连接，可以画出楚楚动人的妆容效果。

**小技巧** 14：腮红画法因人而异，可以根据个人喜好、场景色或服装色来选择，也可以根据脸型来选择。

## 六、唇妆

**小技巧** 15：涂完口红再涂上一层薄薄的润唇膏，唇色会显得自然又润泽，也可以避免嘴唇干裂起皮。

**小技巧** 16：嘴唇比较薄的话，在涂完唇膏后，在嘴唇下方扫上阴影，就会有丰唇效果。

**小技巧** 17：涂口红时，上唇可以往人中方向涂多一点儿，视觉上能缩短人中，显得年轻有活力。

## 七、其他几个要点

**小技巧** 18：不要在黄色光线下化妆，不然很容易把妆画浓。

**小技巧** 19：化完妆后，感觉妆面不匀或妆面显脏，一般是以下 3 个原因导致的：涂不准、涂不匀、涂太多。检查每个环节是否有以上情况。

**小技巧** 20：面部化妆完成后，要检查面部和脖子是否有色差，可以在下颌线部位轻扫一层用作阴影色的粉底（一般是深色粉底）过渡，避免面部和脖子出现明显色差。

## 修容方式

长形脸 ————————

圆形脸 ————————

方形脸 ————————

菱形脸 ————————

高颧骨脸 ————————

倒三角形脸 ————————

## 根据脸型画腮红

圆形脸 ————————

方形脸 ————————

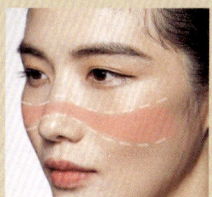

长形脸、菱形脸 ————————

长形脸、鹅蛋脸 ————————

任何脸型 ————————

任何脸型 ————————

# 你适合哪种
# 妆容风格

时尚杂志每一季都在推出流行趋势，既包括色彩、服饰，也包括发型、妆容。很多人疑惑：杂志上那么好看的服饰和妆容，为什么在我身上却怎么也不好看？

引导消费者跟随流行趋势是各大品牌的营销策略，但对于每一位消费者来说，流行的并不一定是适合自己的。每个人都有自己的长相特质，也有不同的生活场景与生活方式，需要根据自己的长相特质，并结合 TPO 原则——时间（time）、地点（place）、场合（occasion）进行妆容设计，才能逐渐形成自己的妆容风格。

量感是指物体给人以饱满、充实感的程度，涉及物体的大小、重量、体积、薄厚等。根据五官量感大小和面部曲直，可以将适合的妆容风格分为 8 种：少女风格、优雅风格、浪漫风格、自然风格、少年（中性）风格、前卫风格、古典风格和戏剧风格。

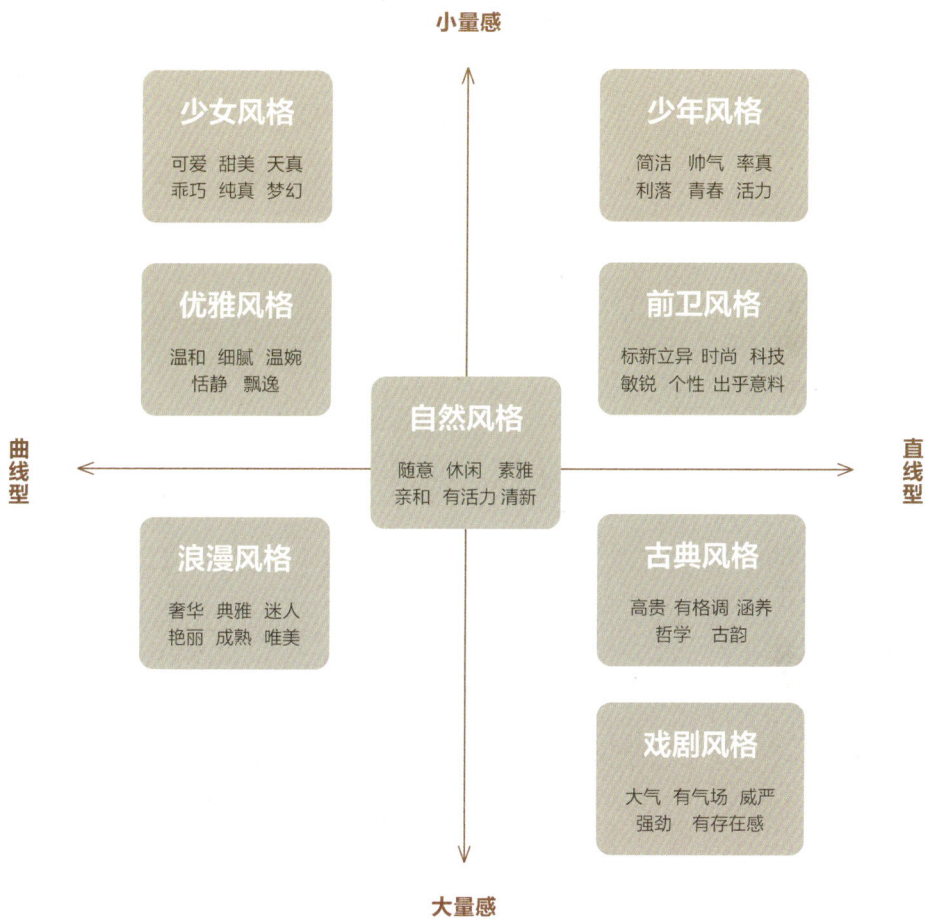

**怎样区分五官量感大小?**

02

**中量感**

脸型中等,五官分量感适中,
视觉上平和、大方

01

**小量感**

脸型小,五官紧凑精致,
视觉上轻盈、年轻

03

**大量感**

脸型长,五官立体夸张或五官
较为分散,视觉上大气、成熟

　　每个人对风格的解读,会存在一些不同;甚至对风格的分类,也有一些差异。我们不用在意这些不同和差异,我们需要在意的是在妆容风格的辨别与优化探索中,找到更适合自己的妆容方式,最终形成自己的妆容风格。

　　没有完美的妆容,就像没有完美的长相一样。在每天化妆的过程中,持续解读、分析自己特质的过程,就是"寻找自己"的过程:自己的不足、自己的优势、美化的方法……如此,每天坚持提升日常妆容的过程,也就成了寻找更美更好的自己的过程。

# 第 3 部分

# 发型管理是形象管理的风格锚点

# 发型这样变，
# 风格更明显

在第 9 课里我们提到，根据五官量感大小和面部曲直，可以将适合的妆容风格分为 8 种：少女风格、优雅风格、浪漫风格、自然风格、古典风格、少年（中性）风格、前卫风格、戏剧风格。这 8 种风格适用于妆容选择，也同样适用于发型选择。

发型选择要面对的首要问题是"选长发还是选短发"。

齐耳以上叫短发，也包括超短发。

齐肩为披肩发，或中长发。

过肩齐腰为长发，过腰为超长发。

中长发和长发还可以盘发和束发。

不同发型会对风格特质产生明显的强化或减弱作用，下表是八大风格相应的发型选择方向。

| 风格 | 合适 | 不合适 |
| --- | --- | --- |
| 少女风格 | 短发、中长发、长发，盘发、束发 | 超短发 |
| 优雅风格 | 中长发、长发，大卷发 | 超短发、超长发 |
| 浪漫风格 | 中长发、长发，大波浪 | 超短发、超长发 |
| 自然风格 | 中长发、长发，直发、束发 | 超短发 |
| 古典风格 | 中长发、盘发 | 短发、超短发 |
| 少年（中性）风格 | 短发、超短发 | 长发、超长发 |
| 前卫风格 | 短发、超短发，直发 | 长发、超长发 |
| 戏剧风格 | 长发，直发、卷发、盘发 | 短发、超短发 |

以上表格只是我们选择发型时的基本参照，具体运用时，还可以结合身高、体型、头身比、个性特质、流行趋势等多种因素，以优化比例、表达特质、呈现风格。

# 发型的设计：
# 用发型修饰脸型

合适的发型能影响人的风格特质，还能修饰人的脸型。这一课我们来了解：怎样判断自己的脸型？怎样用发型修饰脸型？

**怎样判断自己的脸型?**

第一步: 找出脸部最宽的位置。

1 额头最宽          2 颧骨最宽          3 下巴最宽

第二步: 测量并比较脸部的长度和宽度。

1 长度大于宽度          2 长度小于或等于宽度

第三步: 测量并比较额头和下颌宽度。

1 额头下颌同宽          2 额头比下颌宽          3 下颌比额头宽

第四步：确定下巴轮廓。

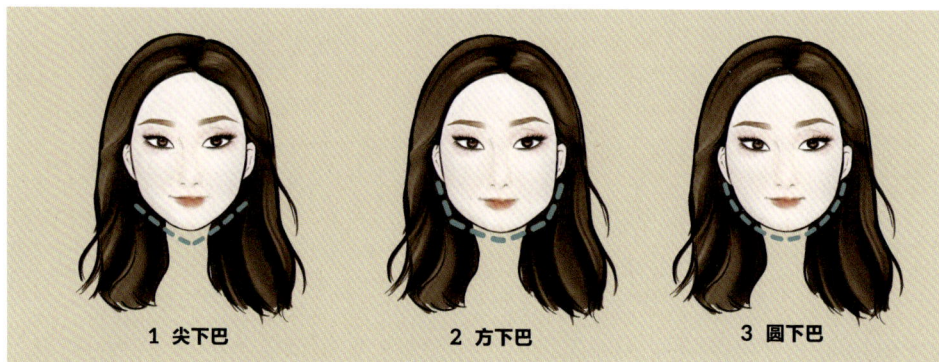

1 尖下巴　　　　　　　　2 方下巴　　　　　　　　3 圆下巴

第五步：在上述 4 步的测量比较后，形成数字组合（4 个数字的组合），并根据测量比较后的数字组合判断脸型。

**瓜子脸**

1221、1222

**圆形脸**

2112、2213、2223、2233

**方形脸**

1212、1213、2212、
2232、3212、3213、
3232、3233

**菱形脸**

2111

**长形脸**

1111、1112、1113、1121、
1123、1211、2111、2121、
2122、2131、3111、3113、
3132、3133

**椭圆脸**

2211、2221、2222

**怎样选择合适的发型修饰脸型?**

判断出自己的脸型之后，就可以参照下图选择合适的发型。

**脸型:** 瓜子脸
**发型选择:** 大多数发型都适合
**注意事项:** 不用遮盖

01

**脸型:** 圆形脸
**发型选择:** 斜分刘海短发
**注意事项:** 遮盖两侧鬓发，增加脸型视觉长度

02

**脸型:** 方形脸
**发型选择:** 长卷发、侧分短卷发
**注意事项:** 遮住两腮，缩短下颌宽度

03

**脸型:** 菱形脸
**发型选择:** 超短发、八字刘海大波浪长发
**注意事项:** 遮盖额头两侧，弱化太阳穴凹陷

04

**脸型:** 长形脸
**发型选择:** 各类刘海短发或长发
**注意事项:** 遮盖额头，缩短面部视觉长度

05

**脸型:** 椭圆脸
**发型选择:** 大多数发型都适合
**注意事项:** 不用遮盖

06

以上是根据脸型选择发型的基本思路。要点如下：（1）脸宽，增加头顶高度；（2）脸长，增加两侧宽度；（3）脸型不好判断时，用斜分刘海在视觉上"切割"脸型即可。

# 发色的选择：
# 2 张图助你选对发色

随着时尚观念的变化，染发已经变成了整体形象打造不可或缺的一环。无论是遮盖白发、修饰肤色，还是搭配服饰、配合妆容，染发越来越受欢迎。

但是，面对发型师拿出来的各种染发色卡，大多数人往往一脸茫然，无从选择。也有人觉得某位朋友染了某种颜色的头发好看，就将之形容给发型师，可自己染出来之后却让人"不忍直视"……这是因为自己对发色的认知还仅仅停留在"头发颜色"上。

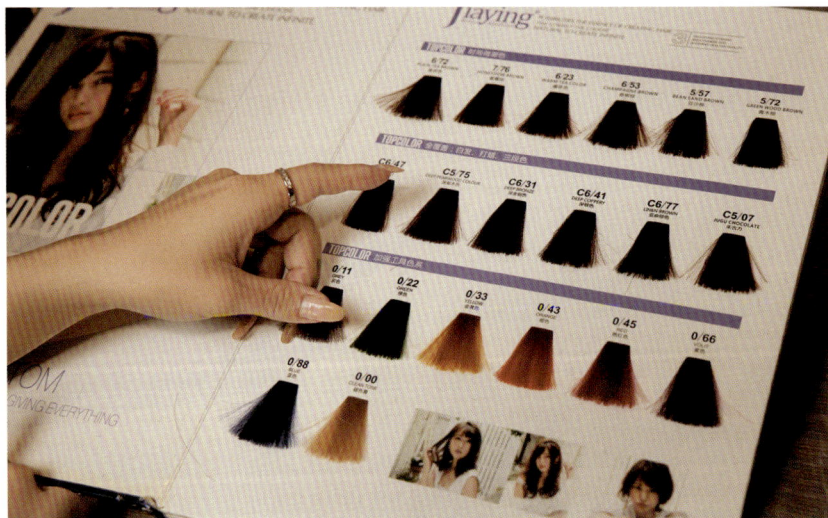

发色的选择，既要和肤色相呼应，也要和妆容相协调。所以，发色的选择，不仅仅是对颜色的选择，也是基于自己特质的进一步判断。只有合适的发色，才能真正让你从"头"开始表达气质、强化风格。如何选择适合自己的发色？参考下面的 2 张图，我们可据此"对号入座"。

第 1 张图能帮助你根据想要表达的一般风格判断适合自己头发的色系。

**黑色系**

**风格：稳重、东方质感**

✔ 大多数人都适合

✘ 不适合过于丰满和头发过多的人

**黄色系**

**风格：时髦、西式风格**

✔ 皮肤白皙，气质西化

✘ 不合适肤色暗黄和不化妆的人

**咖色系**

**风格：平和、有质感**

✔ 不挑人、适用范围广

✘ 不合适具有古典东方气质的人

**红色系**

**风格：成熟、夸张**

✔ 适合偏黄肤色的成熟女性

✘ 不合适具有少女感的人

**彩色系**

**风格：个性、前卫**

✔ 对皮肤质感要求高

✘ 不合适肤色暗沉和瑕疵较多的人

第 2 张图能帮助你根据自己的五官量感大小和面部曲直来选择适合自己的发色。

小量感
曲
————————
少女风格
浅棕色、浅咖色

中量感
曲
————————
优雅风格
棕色系、褐色系

大量感
曲
————————
浪漫风格
黑色、深棕色、深咖色

小量感
直曲混合
————————
自然风格
自然黑、自然棕

偏大量感
直曲混合
————————
古典风格
黑色、自然黑

小量感
直
————————
少年（中性）风格
浅褐色、灰棕色、
浅蓝色

中量感
直
————————
前卫风格
挑染、个性化的颜色

大量感
直
————————
戏剧风格
饱和度高的颜色

综上，我们可以从自身肤色、风格、五官量感、面部曲直等维度作选择，找到最适合自己的发色，而非盲目地交由发型师帮你作决定。

# 发型的日常打理：
# 6 个方法让发型打理变简单

美好的头发能展现出旺盛的生命力，这种生命力体现在两个方面，一是发质，二是发量。因而发型打理首要是保护发质，其次是显现发量。

以下这 6 个方法能让发型打理变得更简单。

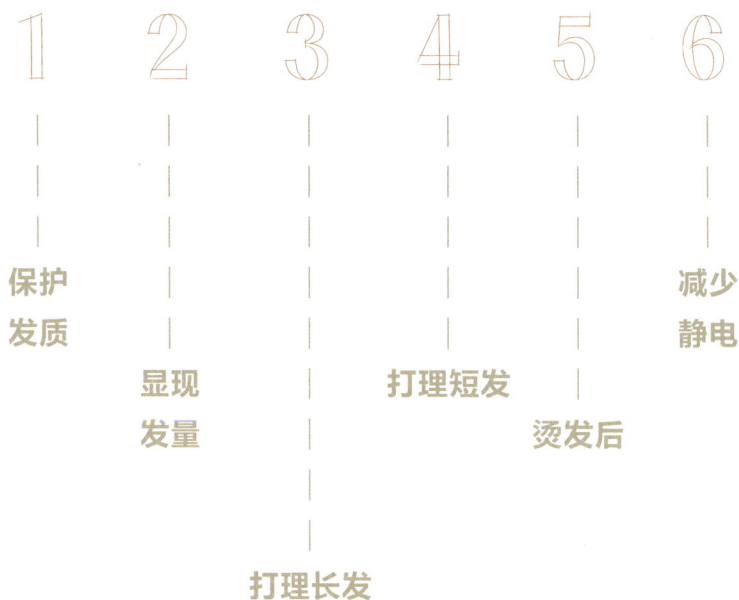

1    2    3    4    5    6

保护
发质

减少
静电

显现
发量

打理短发

烫发后

打理长发

| 方法 | 具体步骤 |
|------|---------|
| 保护发质的方法 | 1. 洗头频率不要过高，坚持用护发素；<br>2. 勤梳头发，多用按摩梳按摩头皮；<br>3. 吹风机温度不要过高，避免损伤头发；<br>4. 枯黄、分叉、受损的头发要及时修剪 |
| 显现发量的方法 | 1. 用梳子倒梳发根，将头顶的头发梳蓬松后再喷上发胶；<br>2. 用手指拨乱或用梳子点梳的方式，增加蓬松感；<br>3. 用卷发棒卷出纹理后，再用手指拨乱，形成蓬松感；<br>4. 烫发也可以从视觉上起到蓬松发型、增加发量的效果 |
| 打理长发的方法 | 1. 定期修剪，因为长发容易分叉，分叉容易向上蔓延；<br>2. 出门戴帽子，头发受紫外线长时间照射后容易干燥枯黄；<br>3. 尽量不要烫发，长发烫发后容易打结，很难梳理；<br>4. 长发需要营养，留长发需要保证营养均衡 |
| 打理短发的方法 | 1. 早晨洗头或是用温热湿毛巾热敷，让头发柔顺不凌乱；<br>2. 如果头发不是太硬，把啫喱涂抹在凌乱卷曲的地方，用梳子和吹风机一起固定它，也是一个好方法；<br>3. 准备不同类型的帽子，来不及打理时，及时驾驭乱发；<br>4. 使用卷发棒制造一些纹理，避免因少许凌乱而特别显眼 |
| 烫发后的打理方法 | 1. 洗发护发选用卷发专用护发素，更具深层润发效果；<br>2. 吹头发时不要用力把发卷往下拉，避免破坏发卷的持久度；<br>3. 每周使用一次深层调理发膜，保持秀发光泽，也能修复受损头发；<br>4. 用宽齿木梳梳头可以避免频繁打结，不用易产生静电的塑料梳 |
| 减少静电的打理方法 | 1. 使用具有保湿功能的护发精华油；<br>2. 梳头前在头发和木梳上喷少量润发喷雾；<br>3. 经常用涂抹过护手霜的手梳理"炸毛"的头发，可以保湿、去静电；<br>4. 秋冬季静电严重，穿脱衣服前后用手摸一下湿毛巾，释放静电 |

没有不好看的色彩，
只有不好看的色彩搭配。

# 第4部分

# 色彩搭配
# 决定你的
# 品位

# 服装色彩搭配的
# 4 个知识点

"这个颜色不好看。"

"我不合适穿这个颜色。"

"我不喜欢这个色彩搭配。"

……

以上是我们听到最多的关于色彩评价的 3 句话。把这 3 句话放在一起，我们能看到：对色彩与色彩搭配的"主观感知"，影响了我们对色彩的"客观认知"。

但有一个事实：总有一些人对色彩有很强的驾驭能力，在这些人眼里，没有不合适的色彩，只有不合适的色彩搭配。所以，当我们说服装色彩搭配时，我们实际上说的是对服装色彩搭配的驾驭能力。

怎样才能拥有较强的服装色彩搭配驾驭能力？

了解以下 4 个服装色彩搭配知识点，我们就能快速进阶到对色彩搭配的驾驭阶段：色彩三要素、配色基本原理、肤色冷暖与配色冷暖、配色基本原则。

**色彩三要素**

色彩是一个庞大的语言系统，但基本要素只有 3 个：色相、明度、纯度。

色相：就是色彩的"相貌"，也是色彩的名字。比如我们常说的红、橙、黄、绿、青、蓝、紫等。

明度：就是色彩的明暗深浅。比如蓝色加入白色变成浅蓝，明度就提高了；蓝色加入黑色变成深蓝，明度就降低了。

纯度：就是色彩的纯净程度、饱和程度，也叫彩度、鲜艳度。纯度越高，色彩越纯净、越鲜艳，比如红、黄、蓝三原色的色彩纯度最高；纯度越低，色相越不明确，比如棕红色就是低纯度的红色。

观察下图，体会色相、明度、纯度的差异。

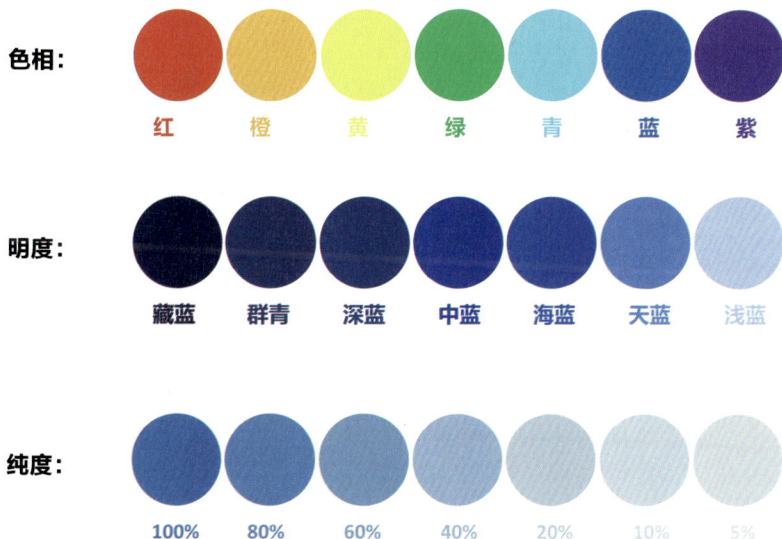

色相：　红　橙　黄　绿　青　蓝　紫

明度：　藏蓝　群青　深蓝　中蓝　海蓝　天蓝　浅蓝

纯度：　100%　80%　60%　40%　20%　10%　5%

**配色基本原理——色相环**

红、黄、蓝三原色是大自然中最纯的颜色，叫一次色。

在色相环中，三原色两两混合，出现在它们中间的颜色，叫二次色。

二次色再次两两混合，出现在它们中间的颜色，叫三次色。

可以把色相环理解为除黑、白、灰、金、银以外的所有颜色的本色，由一次色、二次色、三次色依次叠加而来。从这个角度看，色相环是纯度最高的颜色环。

一起看看 24 色的色相环。

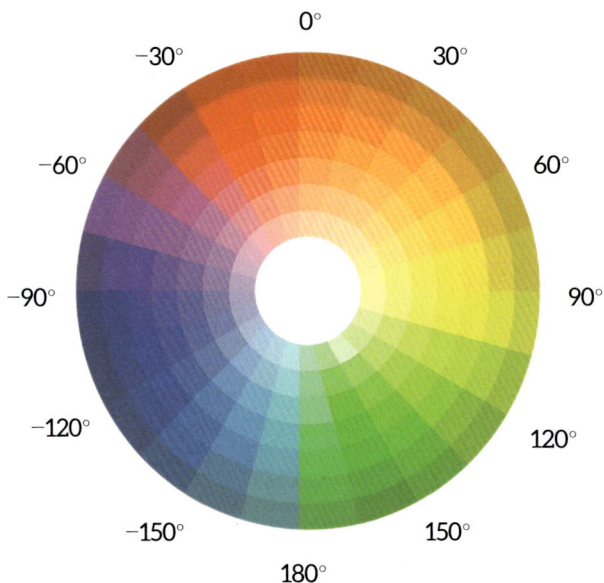

差值在 30° 以内并处于同一个竖列的颜色属于同色系，处于同一个圆环的颜色明度相同。同色系和同明度配色比较保险，不容易出错。例如，深蓝与浅蓝，深紫与浅紫。

相邻的两种颜色是近似色，搭配起来让人感觉比较亲和。但有时，我们需要营造出具有视觉冲击力的色彩搭配，这时可以用离得较远、夹角超过 120° 的对比色，例如红色与蓝色，紫色与绿色；甚至可以用夹角为 180° 的互补色配色，例如紫色与黄色，红色与绿色。

在实际操作中，我们会发现，纯粹从色彩搭配的角度来说，任何颜色都可以搭配，但具体到个人，色彩搭配是否合适，受很多因素影响：肤色、发色、妆容、色彩比例、色彩冷暖、着装场合、着装季节、着装者的个人情绪等。

**肤色冷暖与配色冷暖**

在色彩搭配的诸多影响因素中，肤色冷暖与配色冷暖——色彩冷暖、色调冷暖是需要掌握的核心内容。

（1）两种方法区分肤色冷暖。

第一种是在自然光线下，看自己手腕内侧的血管，如果血管颜色偏蓝紫色，就是冷色调肤色；如果血管颜色偏棕色或橄榄绿色，就是暖色调肤色；如果不能明显区分是蓝紫色还是橄榄绿色，就是中性肤色。

第二种方法，准备金色和银色首饰各一件，如果你佩戴金色首饰更和谐，更显高级质感，就是暖色调肤色；如果佩戴银色首饰更和谐，更显高级质感，就是冷色调肤色；金色和银色首饰都能驾驭的就是中性肤色。

（2）根据色相环识别色彩冷暖和色调冷暖。

红、橙、黄等颜色，让人看着温暖，容易联想到太阳、夏天，属于暖色系；蓝、绿、紫等颜色，让人看着凉爽，容易联想到大海、森林，属于冷色系。

暖色系

冷色系

除了橙色，色相环上其他颜色都有冷暖色调区别，看下图很容易明白色彩在视觉上的色调差异。

| 冷色调<br>的蓝色 | 暖色调<br>的蓝色 | 冷色调<br>的绿色 | 暖色调<br>的绿色 | 冷色调<br>的紫色 | 暖色调<br>的紫色 |

| 冷色调<br>的红色 | 暖色调<br>的红色 | 冷色调<br>的黄色 | 暖色调<br>的黄色 | 橙色只有<br>暖色调 |

**配色基本原则**

了解了肤色冷暖和色彩冷暖、色调冷暖后，我们再来看配色的基本原则。

（1）我们每个人都可以穿暖色和冷色的衣服，也就是说，红橙黄绿青蓝紫都能穿，关键是区分色调。

（2）暖色调肤色选择暖色调色彩，冷色调肤色选择冷色调色彩。

那么我们可以打破上述原则吗？留意我们在这一课开始时提到的：总有一些人对色彩有很强的驾驭能力，在这些人眼里，没有不合适的色彩，只有不合适的色彩搭配。现在聪明的你应该明白了：所谓驾驭，是你用什么方式，实现色彩的色调统一。

比如，你很喜欢一件冷色调的蓝色外套，可是你的肤色是暖色调，我们有哪些方法让自己能驾驭得了这件蓝色外套？

（1）通过化妆品，让面部肤色有所变化。

（2）通过衬衣领的过渡，让肤色对比不那么强烈。

（3）通过夸张配饰，比如闪耀的项链和耳饰，转移视觉焦点。

（4）通过夸张的口红聚焦，转移对皮肤色调和服装色调的不协调的关注。

（5）不改变外部，改变你的内心认知：我就想穿出这种色调不统一下的对比和夸张，彰显个性。这同样是一个让你驾驭这件蓝色外套的好方法。因为，是你驾驭服装，不是你被服装和色彩驾驭。有时，内心的坚定和自信才是最好的驾驭方法。

# 服装色彩搭配的
# 4 个方法

大自然的色彩千变万化，而不同的人对色彩的感知也有着巨大差异。有没有一种方法，将庞大的色彩语言体系简化成一种可视化的，普通人就可以操作的服装色彩搭配方法或工具？

在我 20 年的服装设计生涯里，我尝试过无数种色彩搭配方法或工具，以下是我自己用得最多，也推荐给了无数服装搭配爱好者，大家一致认同非常好用的 4 个服装色彩搭配方法。

首先我们准备一个色相环。

我们将服装色彩搭配简化成 4 个可视化的操作方法。

# 01

**同类色搭配**。任何相距 30° 左右的颜色都是同类色。

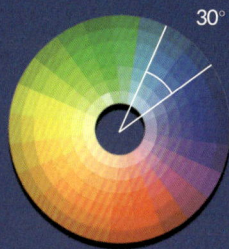

比如裙子是较深的蓝色，
与其相距 30° 左右的是浅蓝色。

再如这件紫色上衣，搭配的裙子是深紫色。

相距 30° 左右的同类色搭配，整体感觉比较流畅、统一，呈现出高级、简洁的视觉效果。

## 02

**邻近色搭配。**任何相距 60° 左右的颜色都是邻近色。

这件紫色外套，
搭配的就是与其相距 60° 左右的蓝色。

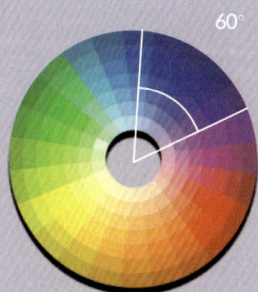

上衣是绿色，
与其相距 60° 左右的邻近色是黄色。

相距 60° 左右的邻近色搭配，有一定的色彩梯度，同时又保持了色彩衔接的顺滑，整体呈现出优雅、柔和的视觉效果。

# 03

**对比色搭配。**任何相距 120°
左右的颜色都是对比色。

衬衫是绿色，与其相距 120°的是紫色。

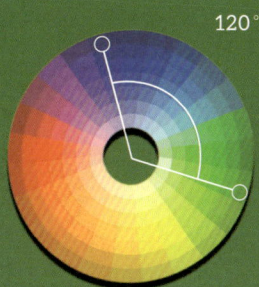

120°

相距 120°的对比色搭配，鲜
明醒目，展现出的是充满朝气和
活力的视觉效果。

上衣是蓝色，与其相距120°
左右的对比色就是红色。

## 04

**互补色搭配。**任何相距 180° 左右
的颜色都是互补色。

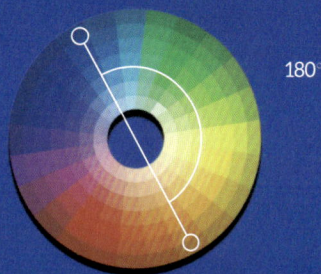

外套是蓝色，与其相距
180° 的互补色是驼色。

180°

外套是紫色，
与其相距 180˚ 的互补色是黄色。

你不说话，色彩会帮你表达。
你不发声，一切都已经发生。

相距 180° 的互补色搭配，因为视觉上的强烈反差，往往能呈现出非同一般的惊艳效果。

　　以上，通过简单工具——色相环，我们学习了色彩搭配的基本方法。在实际运用中，由于色彩呈现的千变万化，色彩搭配也不必拘泥于某一种方式，而是根据不同类型的风格和场景，选择相应的色彩搭配方案。

　　此外，色彩如何搭配，并没有标准答案。随着社会文化的演变，色彩流行趋势也在不断因应变化。色彩搭配的魅力，正是在于这种持续不断的文化演变和因应变化之中。

# 黑色怎样搭配
# 才高级

在时尚轮回中，黑色始终具有典雅的魅力。因此有很多人钟情于黑色。然而，由于黑色本身具有的收敛特质，穿着者的光芒很容易被黑色遮盖，如果没有搭配好，人们往往记住的是一个装在黑色衣服里的、特质模糊的你。此时，我们需要通过色彩搭配，让一身黑的你，有一些绽放光芒的突破口。

### 高级感配饰

黑色服装需要高级感配饰来烘托穿着者的特质。高级感配饰有几种类型，一种是具有高光泽度的珠钻配饰，另一种是具有金属光泽的金属配饰，此外一些天然有色矿石也很适合搭配黑色服装。

选择配饰时，配饰和人本身的特质要相符，比如典雅的人用珠钻配饰，时髦的人可以用金属材质的配饰……黑色服装的配饰不需要多，但材质要好，尤其是在黑色服装的材质不是特别"显好"时，就更需要一些有高级感的配饰来点缀。

———————

别把讲究的日子，过成了将就的日子。别把优雅的小黑裙，穿成了黑色的裙子。
你来人间一趟，你要看看秋天的夕阳。你要穿上小黑裙，去感受晚风中自己的模样。

———————

**高级感配色**

黑色搭配什么颜色会好看？首选高饱和度的暖色调。请留意，我们说的是暖色调，不是暖色系。比如高饱和度的森林绿是暖色调，森林绿搭配黑色，好看又高级。大红色、玫红色、黄色、橙色、浅蓝色搭配黑色都很好看。

但有两个颜色和黑色搭配在一起会拉低彼此的品质感。一是粉色，因为黑色是融合了所有色彩的最极端的颜色，而粉色是融合了红色和白色的中间色，搭配黑色会让黑色显得沉闷，还会反衬出粉色的寡淡；二是深蓝色，因为深蓝色本身包含黑色成分，和黑色组合在一起会显得过于深沉。

**高级感黑白搭配**

黑白搭配是万能组合。由于黑色和白色的强烈反差，会凸显材质本身，所以黑白搭配在一起时，服装面料尽量选择好一点的。

黑白搭配时，尽可能不要再添加任何其他颜色，让黑色的极致和白色的纯粹相互衬托，再添加少量银色金属质感的配饰，不仅不会打乱黑白色服装的反差与质感，还能凸显黑白搭配的独特魅力。

———

你穿着风衣在夕阳下感知温暖，你行走在秋天里，无论是北方的枯枝，还是南方的落叶，
你的心里都有一幅画，这时，你心里就装下了整个秋天。

———

# 大地色怎样搭配才好看

大地色越来越流行，这和亲近自然、追求环保的社会文化环境有很大关系。广义上的大地色很宽泛，一些机构甚至把有一定灰度的彩色也归为大地色。但从服装色彩搭配的角度来说，大地色更接近于裸露大地（沙漠、泥土）的颜色，包括杏色、米色、驼色、卡其色、咖啡色、焦糖色、深棕色等。

春夏更流行浅大地色，秋冬更适合深大地色。在秋冬季节，大地色比黑白灰更流行。大地色要怎样搭配才显得高级又时髦？

———

大地色是时光印迹里的经典。

———

**大地色搭配黑白色，**简约大气，又有质感。

**大地色同色系搭配，**这是大地色搭配中最显高级质感的配色。把不同明度、不同饱和度的大地色组合在一起，简约、高级又有层次。

**这里特别推荐大地色搭配宝石蓝、映海蓝**，这种组合，在春、夏、秋、冬四季里，都能让人感受到或如远山青黛、或如海风拂面般的开阔之感，从而心生愉悦。

穿上大地色和蓝色，你将仿佛置身于故乡的远山青黛。

# 怎样找到适合你的
# 时尚穿搭色彩

你喜欢的颜色就是合适你的颜色吗？大多数人对这个问题的回答都是肯定的，然而事实并非如此。

比如中国人喜欢红色，是因为红色在中国文化里代表吉祥。大部分人穿红色也不是因为穿红色更好看，而是在某些特定场合穿红色更合乎氛围：春节、婚宴、纪念日、年会、庆功会等。从服装色彩搭配的角度看，红色对东方人的肤色并不友好，真实情况是，很多人穿红色会显得面色发黄。但这并不妨碍我们喜欢红色，喜欢穿红色。

所有的色彩理论都会用到色彩诊断和色布测试。色彩诊断和色布测试作为基础工具，毫无疑问可以快速帮助我们找到合适的色彩。但这种合适，更多是基于色彩与面部肤色相互匹配的"合适"。

色彩搭配是否真正合适，受很多因素影响：肤色、妆容、发型、发色、环境、同伴、个人情绪、色彩比例、个人色彩驾驭能力等。那么，我们该如何找到合适自己的时尚穿搭色彩？

理清以下 4 个问题，就能回答"怎样找到适合自己的时尚穿搭色彩"。

**第一，喜欢的颜色和喜欢穿的颜色一致吗？**

把你喜欢的颜色依次排序，喜欢的颜色很多也没关系，大致排序即可。排序的同时，打开你的衣橱，看看你最喜欢的那个（或那几个）颜色的服装在你衣橱里的比例。

通过比对，我们会发现：你喜欢的颜色，和你实际喜欢穿的颜色，重叠度并不是那么高。如果你喜欢某个颜色，你的衣橱里这个颜色的服装比例也很高，那么现在，请你试穿一下这个颜色的服装，对着镜子辨别一下：你穿着它（们）是不是很好看？是不是很自信？

如果你觉得好看且自信，恭喜你，这非常难得。但很多情况下，这样穿并不那么好看，也不能令人感到自信。

我们来总结一下：你是否合适某个颜色，70% 取决于你的肤色和发色。但你是否喜欢某个颜色，100% 取决于你的色彩视觉情感。所以，找到适合自己的时尚穿搭色彩，首先要确认你喜欢的颜色是否正好就是你适合的颜色。如果正好是，根据你的喜好选择即可；如果不是，就给自己一句暗示：以后购买服装，不要混淆"内心喜欢"和"穿着合适"。

**第二，有没有办法解决"喜欢的颜色"和"适合穿的颜色"不一致的问题？**

比如，你要去参加一个沙龙，合适穿小黑裙，但你不想一身黑，也不喜欢闪亮发光的珍珠水钻配饰。其实，在大面积的小黑裙衬托之下，任何有色彩的配饰都是合适的，包括你自己很喜欢的颜色。哪怕色彩诊断师说你的肤色不合适橙色，但一件小黑裙搭配一双橙色鞋子和一个橙色手包，再加上橙色耳饰，也是协调的。相比于小黑裙所占面积来说，虽然你用了 3 件橙色配饰，但你身上的主色仍然是黑色，橙色此时是非常巧妙的点缀色，不会和你的肤色冲突。

再如，男朋友和你一起看落日，你说最喜欢落日般的橙色，然后他就送了你一件橙色风衣。但色彩诊断师说你的肤色偏黄，你穿橙色会显得肤色更加暗黄，怎么办？可以运用大面积的内搭颜色来中和橙色的冲击，譬如黑色打底裙、黑色手包，让风衣领口敞开，避免橙色直接和你的脸颊衔接。当然，用粉底改变一下你的面部肤色也是一个好方法。

转换视觉焦点也是一个好方法。既然色彩搭配是为了让我们的面部肤色看起来不暗淡，那么，我们找到一个方式让别人的目光上移，聚焦在某个点上，而忽略服装和面部衔接处的落差，也不失为一个好方法。比如我在第 2 课里提到费公子通过彩色眼影和漂染刘海发色来转移观众注意力，就取得了很好的效果。也有人运用突出口红色的方法，尤其是夸张地运用"口红色 + 眼影色"的方法，来转移视觉焦点，也会有很好的效果。

**第三，到底哪种颜色最合适我？**

在回答这个问题之前，我们回想一下：你有没有经常购买服装的品牌或店铺？这个服装品牌和这家服装店在春夏季节和秋冬季节给你的色彩视觉记忆有差别吗？如果你稍加留意，就会发现：任何服装品牌或服装店，秋冬季节和春夏季节的色彩差别都非常大。

着装色彩是有季节属性的。同样，着装色彩还有环境属性。比如你去海边度假，你会不由自主地选择蓝色系或绿色系服装，以和度假氛围相融合；而你去听一个学术讲座，你大概率会选择中性色服装，以避免在一个较严肃的场合里，让其他人的目光聚焦到你的服装上。

着装色彩除了要考虑季节属性、环境属性，还有款式风格、人群（或搭档）特质、发型妆容、情绪状态、天气变化等诸多方面。所以，一定不会有某个颜色"最"合适你。

虽然不会有某个颜色"最"合适你，但因为你的肤色、发色、瞳孔色是相对固定的，你的个人特质也是相对固定的，就会有"某一类"或"某个色彩方向"的颜色更合适你。

———

人生从来都不完美，
就像你永远不会有一件完美的风衣。
用一点心思在色彩上，
用一点心思在搭配上，
同样是不完美的风衣，
同样是不完美的一天，
但你拥有了一件看上去很美的风衣，
你会多一些快乐，少很多烦恼。

———

**第四，怎样找到更合适我的"某一类"色彩？**

在理清前 3 个问题之后，我们再来讨论怎样找到更适合你的"某一类"色彩，而不是"最"合适你的"某个"颜色的问题。

首先要明确，色彩搭配是一个庞大的专业体系，我们普通人要完全掌握它确实存在一定难度。所以，找专业色彩顾问是一个好方法。花时间去学习色彩理论体系课程也会对你有所帮助，毕竟学到的东西能成为自己的时尚智慧。

其次要清楚，色彩搭配有较好的方案，但没有标准答案。所以，不要试图寻找"最合适"的方案，而要尽量找到"更合适"的方案。

综合运用以下方法，色彩搭配就会越来越简单，最终你将找到更合适你的那一类色彩。

（1）建立色彩分类认知：无彩色系、有彩色系；暖色系、冷色系；暖色调、冷色调。

（2）明确自己的肤色是暖色调、冷色调，还是中性色调。

（3）明确你更适合暖色调还是冷色调，无彩色系还是有彩色系。反复试穿比较衣橱里的服装，同时去服装店多试、多问。不要急着得出结论，因为只在家和服装店这两个场景试穿、比较是不够的，还需要在一系列场合验证，才能最终确认你合适的色调和色系。

（4）尽可能在偏自然光线下试穿。先把服装靠着脸作对比，如果某种颜色合适你，你的脸色会被服装的颜色衬托得更健康、更有活力，合适的颜色也会让你的双眼更有神。如果某件衣服会让你的脸色显得苍白，或变得灰暗，或让你显得疲惫，那么这个颜色很有可能不适合你。

（5）其他验证方式。向时尚感好而你又信得过的人请教；穿同样的衣服前往不同的场景，让别人帮你拍照验证；去服装店试穿同样款式、不同颜色的衣服，在同样的光线条件下照镜子或拍照比对；同样的衣服，观察当发型或妆容有所改变时，穿着是否一样好看。

（6）其他影响色彩搭配效果的因素。有些色彩穿着很好看，或许是因为正处于流行趋势的上升周期，流行趋势让你觉得大家都穿，我穿也会好看；情绪状态也会影响你对服装色彩的判断，所以不要在情绪特别好或是情绪低落时做色彩测试和判断；新衣服天然让人愉悦，旧衣服就让人不那么喜欢，所以也不要用新旧差别过大的衣服来测试。

———

没有不好看的颜色，只有不好看的配色。

———

另外，衣服不平整，有褶皱，怎么穿也不会好看；衣服不合身，也无法判断到底是不合身造成的不好看还是色彩不合适造成的不好看。此外，发型发色与妆容妆色如果太特别，也会影响对服装色彩是否合适的判断。

最后，临风君要提醒你，寻找更合适的色彩或色彩搭配，是为了让你更愉悦、更自信。所以，所有的测试和寻找，过程中的愉悦与自信才是判断标准。

色彩能改变我们的心情和情绪，我们自身的心情和情绪也会影响我们对色彩的感知与判断。测试与寻找的过程，是为自己积累时尚智慧的过程，也是为自己沉淀色彩感知与创造审美愉悦的过程。

———
你拥有与众不同的气质，是因为你
活得通透，内心舒展。
———

# 第 5 部分

# 穿搭风格决定你的气质

# 用风格坐标定位，
# 理解什么是风格

什么是风格？

风格是怎么形成的？

风格是由哪些因素组成的？

风格有哪几种？我是什么风格？

……

关于风格，有太多疑问；关于风格，也有太多误解。

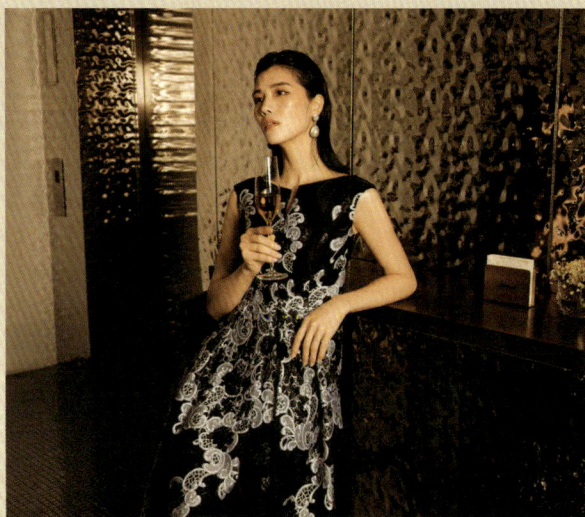

## 什么是风格？

风格的风，是风向的风，风潮的风。风不是一丝一缕的，"风"是持续不断涌动出来的特质，当这种特质积累到一定阶段后，就变成了闪闪发光的标签。

风格的格，是品格的格，格调的格。品格原指琵琶、吉他等弦乐器的指板上一格一格的横档。一格为一品，品格越高，音调越高，格调也越高。

所以，风格，是持续涌动（输出）的、有格调的标签。

## 风格是怎么形成的？

很多人误把特质当风格，其实，你很容易拥有某种特质，但是，因为特质不用区分格调高低，所以特质不是风格。

你很容易拥有某种特质，但你很难拥有某种风格。这才有了香奈儿的那句至理名言：潮流易逝，风格永存！

一个孩子会拥有某种特质，但孩子，以及缺乏社会阅历的青年人，一般并不会拥有某种风格。风格是经由岁月沉淀下来的，呈现出隽永的格调。

就像艺术家的"艺术风格"一样。比如，齐白石的写意国画风格和凡·高的印象派绘画风格迥然不同，这是因为齐白石和凡·高的生活阅历、艺术修养、情感表达、个性特征等因素综合形成了他们独特的艺术风格。尽管都是天才，但年轻时的齐白石和年轻时的凡·高并没有形成独特的艺术风格，他们年轻时都在积累艺术感知与绘画表达的方式方法。历经岁月沉淀，甚至是人生的磨砺，他们才逐渐在绘画作品中呈现出了某种艺术特质与精神力量的结合，最后形成了与众不同的"风格"。

人的形象风格也一样。形象有特质，但形象特质演变成形象风格非常困难，所以，也并不是每个人都具有某种形象风格。

很多特质是与生俱来的，比如五官、肤色、身高、体重等。很多特质也很容易形成，比如我总是穿白衬衣，会有人把"穿白衬衣"视为临风君的特质，此时，"穿白衬衣"只是特质，并不是风格。

"穿白衬衣"的临风君，他的谈吐风貌、行为举止符合人们心目中或儒雅稳重，或个性时尚的特质，就达到了一定的格调吗？如果是，此时的临风君就具有或儒雅稳重，或个性时尚的风格。如果不是，他的特质就并不明显或格调并不那么高，"穿白衬衣"就仅仅是某种特质，而没有形成特定的风格。

我们来看可可·香奈儿。尽管香奈儿早在1971年就离开了世界，但她穿着小黑裙、戴着珍珠项链的形象早已深入人心，她呈现出的是独立的、个性张扬的精神特质。香奈儿的外在形象特质与香奈儿独立且个性张扬的精神特质结合，就形成了她的独特风格。

我们再来看奥黛丽·赫本。赫本眼神纯净，面容温婉，她的着装经典中透着优雅，她演绎的那些独立而智慧的电影形象大多符合她本人的特质。赫本优雅的外在形象与和煦温润的精神力量，共同构成了赫本卓尔不群的优雅女神风格。

### 风格是由哪些因素组成的，有哪几种？

我在前面讲解妆容、发型的课程里提到了面部直曲和五官量感，这是判断外形风格的基本依据，但人的风格还包括风貌感知与精神呈现。所以，我们把面部直曲、五官量感、风貌感知、精神呈现用坐标图来标识，就能大致辨别出风格。

小量感

曲线型

少女风格

优雅风格

自然风格

少年风格

前卫风格

直线型

浪漫风格

古典风格

戏剧风格

大量感

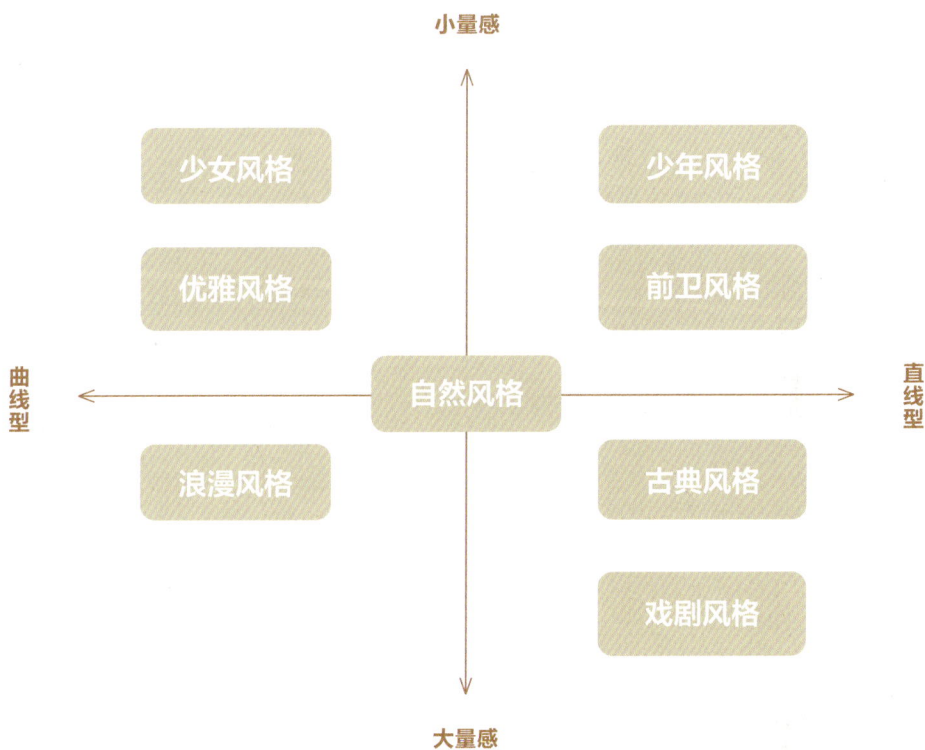

　　以上坐标图里的女性形象风格分为 8 种。有些女性的风格类型并不太明显或是本身就是混合类型，还有一些女性尚未形成自己的独特风格，则难以根据以上坐标判断出明确的风格类型。

# 要经历 3 个阶段，才能形成自己的风格

形象特质是与生俱来的，但风格不是与生俱来的，风格的形成要经历 3 个阶段：探索阶段，找到你适合的；坚持阶段，确定你喜欢的；雕琢阶段，完善你确定的。

### 风格需要探索——找到你合适的

每个人都能追踪自己成长过程中的服饰穿搭进化痕迹。这里我用的词是"进化痕迹"，而不是"风格探索"。因为进化是被动状态，探索是主动状态。

小时候，我们大多数人并没有"穿什么""怎么穿"的主动权，而是由父母或其他长辈帮我们选择。他们帮我们选择的服饰无所谓风格，只是他们依据自己的个人喜好，根据经济状况和自己对服饰的理解而挑选的。

什么时候开始，我们可以自己选择和搭配服饰了？是掌握经济主动权的那一天。有的人早一点儿，因为得到了父母经济上的支持；有的人晚一点儿，到自己开始工作，有稳定的收入来源才实现。此时，在服饰穿搭方面，我们仍然是被动选择，而不是主动探索，因为我们还没有进化到能理解如何匹配服饰穿搭和社会身份的层面。

让我们继续追踪，我们是什么时候开始有意识地启动了服饰穿搭的主动探索？追踪到这个时间点很重要。如果我们仔细回顾，会发现，这个时间点的出现，往往是源自某次服饰穿搭的失误或形象管理的挫折。

当我追踪自己的服饰穿搭进化痕迹时，我发现我非常幸运：我有一个审美感知能力很强的母亲，还有一个很早就把购买服装的权限交给了我的父亲。我的青少年时期，大多数人需要买布料做衣服。我清晰地记得，在高中毕业晚会上，我穿了一件新做的有 22颗纽扣的外套。那是我自己设计、让裁缝帮我做的一件双排扣短风衣。一个 17 岁的少年，穿着一件缀满 22 颗塑料仿金属纽扣的短风衣，闪耀着光芒走进教室。我很快就被同学们团团围住："天呐，你全身都是扣子！"我那泛着光泽的 22 颗纽扣，后来成了很多同学的高中生活记忆点。

这件事影响了我此后的着装选择。我再也没有穿过有很多纽扣的衣服,我第一次意识到"多,不意味着好"。很多年后,我无论是做服装设计、形象设计,还是做时尚新媒体机构的总编,都经常和我的客户聊起"服饰穿搭进化痕迹"这个话题。我发现,绝大多数有自己着装风格的人,都有过类似的"服饰选择失败经历",此类经历往往触发了某种"觉醒"。越早有这种经历和觉醒,越容易启动风格探索。

探索一旦开启,"找到合适的"就不会太难,因为每个人都有基本的着装审美。即使你的审美能力不够,你身边总会有一些人自告奋勇来帮你评判你的着装是否合适。此时,"找到合适的"并不涉及风格是否合适,只是基于某类服饰好不好看、合不合适,这属于基础性的服饰审美探索。探索积累到一定阶段,就会进入下一个阶段——"确定你是否一直喜欢此类服饰"。

### 风格需要坚持——确定你喜欢的

当我们的服饰探索进入确定此类服饰是否"合适我,我也喜欢,还能凸显我的独特魅力"的阶段时,有很多人会出现"不能完全确定""摇摆不定""反复尝试"的情况。这也是一个必经阶段。

比如我,从 20 多岁开始,一直喜欢穿白衬衣,我很早就知道白衬衣很适合我,但我仍有一段时期想尝试花衬衣、格子衬衣、条纹衬衣、彩色衬衣,多轮尝试后,无论是我自己还是周围的朋友都确定"临风君穿白衬衣最好看"。

我每次见到法国时尚设计师协会主席格拉斯曼先生的太太卡拉，她都穿着裹身裙，永远是纯净的蓝绿色系，不长不短，冬天大衣里面也是这样穿。我和她讨论过这个话题，她告诉我，她在法国人中属于个子娇小的，穿长裙或廓形裙显矮，中长款的蓝绿色系裹身裙最能凸显她的身材优势。选择彩色是因为她的职业是时尚资讯专家，不能被淹没在人群里，就像英国女王永远穿彩色套装也是因为个子不高，而作为女王需要引人注目。

回顾一下，你的服饰穿搭进化痕迹中，有没有出现或什么时候开始出现了此类"确定是你喜欢的"，并且你已经"坚持下来"的服饰穿搭元素？如果有，恭喜你，你已经具有了风格雏形。

喜欢，然后坚持，直到形成确定认知，甚至形成了对外的视觉记忆，并能利用其衬托自己的独特魅力，此时，风格就出现了。

### 风格需要雕琢——完善你确定的

也许有人认为风格是"天然去雕饰"的，而我坚持认为：天然的不是风格，而是特质。风格是有意识地坚持与雕琢而成的，不会有人自然而然形成某种风格。

有些人看似不经意地形成了某种风格，实际上，你看到的"不经意"的背后，是你看不到的探索、坚持、雕琢，尤其是最初的探索阶段，一定是有所"刻意"的。包括香奈儿和赫本，也不是自然而然就形成了香奈儿风格、赫本风格。我们追踪香奈儿的人生轨迹与资料图片，追踪赫本各个时期的电影镜头和各种资料照片，都能很清晰地看到"雕琢"的痕迹。

什么是着装风格的"雕琢"？雕琢是风格的优化和细化。

比如，优雅风格可以细化。总是带着笑容的赫本，始终保持着简单纯粹的特质，所以赫本的优雅是简雅，也有人称之为文雅；张曼玉的优雅气质里带着古典特质，属于典雅，也有人说，张曼玉还有时尚帅气的一面，属于"帅雅"。但无论怎样描述，赫本和张曼玉都没有脱离优雅一词。而不同类型的优雅，进一步确定和放大了赫本和张曼玉的优雅特征，并强化了她们各自独特的优雅魅力。

形成并拥有某种风格，不是一朝一夕的事。从发现自己的独特魅力，到完善并坚持自己的独特魅力，再到雕琢并放大自己的独特魅力，这个过程本身也是对自我的重新审视，在审视过程中实现自我完善与成长。风格探索作为形象提升的关键一环，是对自我的再认知，也是对生命的再思考。从这个角度看，风格探索在形象管理中的重要性，无论怎样强调都不为过。

祝你早日开启属于你的探索、坚持和雕琢！

# 理解流行但不刻意追随流行，才能找到自己的风格

在我们探索风格、坚持风格、雕琢风格的过程中，有一个绕不开的话题：怎样在流行趋势的滚滚浪潮中不迷失自我，找到自己的风格？

每一年、每一季，时尚趋势发布机构都会推出流行色与流行趋势，我们作为消费者，如果只是简单跟随流行，就会被流行的汪洋大海所淹没，最终失去自我，也会失去个人风格。那么，怎样才能做到紧跟流行的同时仍能保持自己的风格？

我们先来了解和流行有关的两个问题：流行趋势是如何产生的？流行趋势是怎样传播的？

**流行趋势是如何产生的?**

流行趋势是一个时期内，某个区域或某个群体中广泛流传的生活方式、意识理念、社会观念的综合。简单地说，"流行趋势是一个时代的崇尚与表达"，"时尚"一词也来源于此。社会、经济、政治、生态、愿望、期待等都会影响流行趋势。有影响力的时尚研究机构、时尚展览机构、时尚媒体、时尚行业协会，甚至一线国际品牌，都会以自己的方式发布时尚流行趋势，影响时尚流行方向。

**流行趋势是怎样传播的?**

当有影响力的机构、媒体、协会以各自的方式发布流行趋势后，会经历一个流行趋势的传播与转化过程。此时，各大时尚媒体、时尚品牌会根据各自的理解，收集、归纳、提炼各种流行趋势信息，然后转化并运用于各自的视觉传播与产品表达中。当流行趋势通过视觉传播和产品表达呈现给读者和消费者的时候，它就已经流行开来，此时，其传播也就进入尾声了。

流行趋势从发布到真正流行有 3 个周期：研究发布期、传播流行期、转化衰退期。普通消费者感知到流行趋势时，往往就已经到了流行趋势的转化衰退期。所以，对于普通消费者来说，追逐流行，永远只是在流行趋势的后面追赶。

当我们理解了流行趋势是怎样产生，又是怎样传播开来的，我们就容易理解个人风格和流行趋势的关系。

————

流行不是用来跟随的，流行是用来学习和研究的。
找到适合你的搭配，你就是流行。

————

我们以服装流行元素来举例说明。

服装流行元素始终围绕着服装六大要素：色彩、廓形、材质（面料、辅料）、工艺、图案、搭配。每一季流行的元素都不超出这六大要素的范畴，但总在持续的变化之中。风格与流行的关系可以简单理解为"不变与变的关系"。比如你长期以小黑裙和白衬衣作为基础着装，黑、白、灰成了你的着装色彩基本风格，但今年特别流行绿色，如果你要跟随这个流行趋势，你会改变你的着装风格吗？怎样处理保持风格与跟随流行的关系？

有 3 种方法，让我们既能跟随流行，又不会被流行淹没，而失去自己的风格。

（1）小面积配搭点缀法。保持你的着装色彩基本风格不变，用小面积流行色做配搭点缀。如下页图所示，小黑裙是你的基本着装，但今年流行橙色，我们可以在配饰中小面积运用流行色。

———
时尚是一个时代的崇尚。
———

（2）偶尔破框出圈法。在色彩流行期，偶尔大面积运用流行色，然后回到你着装的基本色彩风格。此时，你的着装既时尚，又没有失去你的固有风格。偶尔破框出圈反而可以强化风格。

（3）色彩搭配法。如果你特别钟情于某种色彩，并把它当成了你日常着装的基本色彩风格，我们也可以通过色彩搭配法，找到你的风格色和流行色的搭配方式，实现风格与流行元素的和谐统一。

通过以上案例，我们会发现一个共同点：把风格当成锚。当用风格锚定了你的基本定位，跟随流行趋势与运用流行元素，都不脱离风格锚定时，你就实现了流行趋势与风格定位的和谐统一。

此外，由于流行趋势和生活方式、社会文化现象有关，而生活方式、社会文化现象本身又是多元的，所以，流行趋势也是多元呈现、多元表达的。在了解服装流行趋势的过程中，我们总能在服装的色彩、廓形、材质（面料、辅料）、工艺、图案、搭配这六大要素里，找到和我们的个人风格相接近的流行元素。"在流行元素里寻找和个人风格接近、匹配的元素"本身就是一个大浪淘沙的过程，也是一种风格识别与运用练习，这个过程本身能强化我们的风格认知与风格构建。

有人说，流行的都是肤浅的，因为流行趋势是很容易消退的；也有人说，时尚的都是深刻的，因为能成为流行时尚的都是一个时代所崇尚的。我趋向于对以上两种观点的双向接纳：流行与时尚的意义可深可浅，流行与时尚的表达越来越多元。世界是多元的，文化是多元的，人群也是多元的。能够理解世界的多元，才有可能触碰到时尚的深刻。而个人风格，就是在流行趋势的潮来潮往中，找到那些能匹配自己风格的流行元素，让这些流行元素丰富你的表达，呈现你的风格。

# 风格不是穿搭出来的，
# 风格是活出来的

2016 年我居住在墨尔本东南的吉普斯兰区，经常会开车半小时去附近小镇的一家华人餐厅，老板娘是一位祖籍上海、出生于台北、移居墨尔本的华人。这家华人餐厅在小镇开了 20 多年了，很多华人记不清小镇名和餐厅名，但如果换一个说法"就是老板娘很像林青霞的那家餐厅"，墨尔本东南的很多华人都知道。

起初，我是偶然走进这家餐厅的。开车路过时，我注意到这家餐厅的中英文标识很简约，弧形排列的繁体字让人想起老上海，餐厅装饰也是极简风格，一点儿也没有华人餐厅装饰常见的堆砌感。落座后，从里间走出来一位 40 多岁的华人女性，短发，微笑，穿着得体、修身的红色连衣裙，递给我菜牌的样子令人感到十分熟悉。我不由自主地问了一句："我怎么觉得我在哪里见过你？""那是因为你看过林青霞的电影。"

她微笑着轻声说这句话的时候，自然得就像林青霞是她亲姐姐一样。

之后每次去餐厅，她都是短发、微笑，身穿简约红色连身裙。即便是圣诞节和春节，餐厅的布置也是体现出极简风格，且总能看出老上海的影子。餐厅总是很安静，客人多了，她会在门口拦阻，抱歉地告知客人预约下次再来；菜点多了，她会建议客人减少一点儿，别浪费；菜没吃完，她会帮客人打包，用一个老上海风格的纸袋装好，给客人带回家……点餐、上菜、送客人出门，她都是安安静静的，时刻保持着淡然的微笑。后来，华人聚会也能见到她，同样是带着简约的淡妆、安静的微笑。

后来我研究形象风格的形成时，总会想到她和她的餐厅。我也逐渐意识到，风格不是孤立的，而是由一系列因素共同形成的。风格的源头是人本身，是人的生活方式形成了人的风格。着装风格只是一个人的风格因素之一，着装是个人风格表达的一种方式。就像墨尔本东南的华人对"老板娘很像林青霞的那家餐厅"印象深刻，是因为老板娘着装、言行举止、装饰餐厅、服务客人的风格，共同形成了"简约、安静、微笑、老上海、东方感"这些特质，就像林青霞传递给观众的风格特质一样。这种"简约、安静、微笑、老上海、东方感"的着装风格、言行举止风格、餐厅装饰风格、餐厅服务风格，都不是她简单模仿而来，这是来自她本身的生活状态。

————

时尚是选择的智慧，
时尚是社会文化积累到一定阶段后的选择的智慧。

————

风格不是穿搭出来的，
风格是活出来的。

　　当我们讨论什么是风格，怎样形成自己的风格时，我们要知道：虽然在最初的风格探索阶段，免不了模仿，但风格的最终形成，一定不是靠模仿，而是活出属于那种风格的生活状态，此时的我们才真正拥有了那种风格。

　　风格也是我们的人格。虽然表面上看，我们是在用服饰穿搭来表达风格，但实际上，服饰穿搭的背后，是我们经过思考后的选择，是我们内心对生活方式的追求在帮助我们作出服饰穿搭的选择，所以，是对生活方式的追求在表达风格，而不是表面上的服饰穿搭在表达风格。从这个意义上来说，只有活出风格，才会拥有服饰穿搭的风格。

时尚不是穿衣打扮，时尚是感知，
感知生活，感知生命。

# 第 6 部分

# 时尚穿搭的服饰造型方法

# 时尚穿搭的
# 3个基本原则

2005 年，我们一群中国服装人去意大利米兰拜访一位时装业同行。那天是周末，主人用一场草地午餐音乐会招待我们。作为服装人，大家或多或少有一些场合着装意识。收到主人的邀请，我们当时的理解是"这是一场正式而隆重的宴请"。当我们一行十多人，男士穿着西装、打着领带，女士穿着礼服、拿着手包，到达主人家的乡村别墅时，我们一下傻眼了：主人全家穿着休闲装，孩子们在草地上奔跑打闹，吉他和萨克斯乐手也穿着休闲装，像在街头一样，穿行在院子的各个角落，和客人们互动表演……主人看到我们后，仿佛意识到什么，马上回到房间换了衬衣、西装，临时把院子泳池边的草地午餐音乐会，变成了客厅餐桌上的正式午餐。非常感谢那位睿智的意大利同行，让我们免除了一场着装不合适的尴尬。

2018 年，我乘游轮从澳大利亚去新西兰，在海上航行了一周。第一天游轮举办欢迎晚宴，客人可以自行选择餐厅就餐。大多数餐厅免费，也有一些餐厅是收费的。收费餐厅需要预订，也需要符合餐厅的着装礼仪。当我经过一家法式餐厅时，一对中年华人夫妻着急地向我求助："他不让我们进去，你告诉他，我们都能买下这艘游轮。"我看了一眼他们的着装，立即就知道了原因："这是 Black Tie（一种正式着装要求）餐厅，换上正装就能进去了。"其实他们穿得很高档，是 Gucci 休闲外套，但高档不意味着合适。

———

穿得合适，
比穿得流行重要。

———

时尚穿搭要做到"好看"并不难，提升审美、积累经验即可；但时尚穿搭要做到"合适"并不容易，除了穿搭经验，还需要了解着装礼仪，积累穿搭智慧。

要学习着装礼仪，提升场合意识，可以参考国际通用的 TPO 原则。

**T**
时间原则

**P**
地点原则

**O**
场合原则

时尚穿搭的 TPO 原则告诉我们：不同时间、地点、场合，对服饰穿搭是有要求的。时尚穿搭要始终遵循这 3 个国际通行的原则，才能做到服饰穿搭与形象表达合适、合乎要求、不会出错。在此基础上，让时尚穿搭尽可能地更好看，才有意义和价值。

# TPO

TPO 原则是国际通行的时尚穿搭与服饰礼仪的基本准则，即着装要考虑时间（Time）、地点（Place）、场合（Occasion），着装搭配及款式与着装的时间、地点、场合协调一致，就能给人留下合适与得体的印象，同时也是对场合、宾客及主人的尊重。

01

## 时间原则

**时间原则所说的"时间"一般包含 3 个含义：一是一天中时间的变化；二是一年四季的不同；三是时代的差异。**

- 一天中，白天的工作时间，着装以庄重大方为原则；晚间可能会出席一些社交活动，周末或许会度假、旅行，应根据活动举办方或出席的场合改变着装，以展现合适的职场形象、社交形象。

- 一年四季不同的气候条件也会对着装产生影响。夏天的着装应以凉爽、轻柔为原则；冬天的应以保暖、简练为原则；春秋季的应以轻巧灵便、薄厚适宜为原则。

- 着装还应顺应时代的潮流和节奏，过分落伍或过分新奇都会在人群中显得格格不入。

## 02

### 地点原则

- 地点原则也指环境原则。不同的环境需要与之相协调的着装，以获得视觉与心理上的和谐感。比如职场女性上班穿着过于华丽，会招致同事异样的眼光；周末穿西装去海滩会让人感觉呆板；晚间穿背心去音乐厅听音乐会让人感觉不尊重等，这些都有损于个人形象。

- 也有一些地点原则和社会文化有关。比如穿着低胸露背装去阿拉伯国家，当地人可能会感到被冒犯；女教师穿着吊带裙或超短裙走入课堂，家长可能会认为不够严肃。

## 03

### 场合原则

- 场合原则是指着装要与穿着场合的气氛相适应，更要与场合要达成的目的相一致。例如，参加签约仪式或开业典礼等重大活动，需要着正装或礼仪装。穿着便装或打扮得过于休闲，不利于重大活动的价值塑造。

- 场合原则也要求着装适应特定场合中人们的情绪。例如，去亲友家里探视病人时着装应低调，以营造安静与尊重的氛围；而参加孩子的毕业典礼，尤其是在西方国家，则应穿着正式的礼服，还应搭配得体的配饰，以在孩子的重大成长时刻表达祝贺与祝福。

# 时尚穿搭的
# 333 法则

　　"不要让你的身上出现 3 种以上的颜色"——这句话流行了很多年，但很多读者在日常穿搭中，即使遵循了这句话，搭配出来依然不好看。其原因是不了解"不出现 3 种以上的颜色"的前提是什么。

　　比如，一条黑裤子 + 一件白衬衣 + 一件绿色外套，这样搭配没有错，符合"不出现 3 种以上的颜色"，可是会很沉闷。

　　现在我们根据"333 色彩搭配法则"（以下简称"333 法则"）来对这 3 件衣服的搭配进行改造。

　　333 法则的第一个数字 3，就是这 3 件衣服。

　　333 法则的第二个数字 3，是服装的主色在你身体的上、中、下 3 个部位出现 3 次，如下页图中的绿色耳环 + 绿色外套 + 绿色鞋子。

　　现在，搭配上实现了"3+3"，我们可以看到时尚度提升了很多。

色彩点 1（绿色耳环）

色彩点 2（绿色外套）

色彩点 3（绿色鞋子）

## 01

**333 法则的第一个数字 3，就是这 3 件衣服。**

1 条黑裤子 +1 件白衬衣 +1 件绿色外套 =3

## 02

**333 法则的第二个数字 3，是服装的主色在你身体的上、中、下 3 个部位出现 3 次。**

绿色耳环 + 绿色外套 + 绿色鞋子 =3

03

333 法则的第三个 3，
让第三个元素点在你身体的上、中、
下 3 个部位出现 3 次。

第三个元素点（上）：耳饰上的金色配件

第三个元素点（中）：胸针上的金色配件

第三个元素点（下）：鞋子上的金色配件

流行配饰往往都有金属配件，有的是金色，有的是银色，有的是合金暗黑色。如果你衣服上的扣子是金色的，绿色耳环的金属配件是暗黑色的，鞋子上的装饰是银色的，这3个看似不重要的装饰物，因为色彩不一，将会毁掉你的全身搭配。并且，你身上除了3件衣服的黑、白、绿3个颜色，还因为配饰的配件而出现了金、银、暗黑这额外的3个颜色，这就打乱了你服装搭配的色彩平衡感。然而，这个搭配细节往往会被大多数人忽视——暗藏的搭配细节，才真正能体现出一个人的搭配能力与审美品位。

　　观察右图，我们可以看到，位于身体上、中、下3个部位的3个配饰，它们都是金色的，这就符合333法则中的第三个3的搭配要求，所以整体搭配实现了"3+3+3"，呈现出一种和谐、时尚的视觉美感。

333 法则是一个更高阶的搭配法则，可以延伸出很多变体，以下 4 张图片中的穿搭分别是 "1+3" "2+3" "3+3" "3+3+3"。

**1+3**

1 条小黑裙 +
身体上、中、下 3 个部位的黄色

**2+3**

1 条小黑裙 +
1 件风衣 +
身体上、中、下 3 个
部位的绿色

**3+3**

1 件白衬衣 +
1 件背心 +
1 条半裙 +
身体上、中、下 3 个部位的橙色

**3+3+3**

1 件黄衬衣 +
1 条短裤 +
1 件风衣 +
身体上、中、下 3 个
部位的黄色 +
身体上、中、下 3 个
部位配饰上的银色

我们来总结一下 333 法则中的几个要点。

（1）第一个数字是衣服有几件，这个数字是可变量。下图是 1 条小黑裙 +1 件绿色外套，数字是 2。

1 条小黑裙

1 条小黑裙 +1 件绿色外套

（2）第二个数字是色彩在身体上出现了几次（我们把身体分为3部分：脖子以上；身体部分和脚踝以下）。

留意下图中的3个细节点：第一，连帽衫的帽子属于脖子以上；第二，包包属于身体部分；第三，要想达到更时尚的效果，尽量使该色彩出现3次。

（3）第三个数字是配饰装饰点，也尽量使同一色彩出现 3 次。

时尚穿搭，需要服饰搭配与色彩搭配的基本技术，也是时尚审美与创意穿搭的生活艺术。在日常穿搭中有意识地练习和运用 333 法则，一定可以获得时尚穿搭的更多快乐。

# 职场时尚穿搭的
# 6 个方法

2005 年，我第一次去韩国，遇见一位同行辛小姐，她也是一位"中国通"。我非常清晰地记得辛小姐说过：韩国职场女性终于开始流行穿"职场时尚装"了，5 年后中国也会流行。那时我对辛小姐的这句话感受还不太深，直到 2008 年发生的一件事加深了我对它的理解。那年，我在巴黎认识了法国时尚设计师协会主席格拉斯曼先生。他告诉我，他"最害怕接待中国企业家"。我问他为什么，他说："有的中国企业家把刻板的普通套装当成了职场装，甚至商务晚宴的服装，这是对客户的不尊重。"

时至今日，仍有很多人的职场着装要么太过随意休闲，要么过于严肃刻板。职场套装早已适应不了时代发展，中国职场着装也进入了"职场时尚穿搭"阶段。

———

青春的岁月穿透时光，也穿透时光里的职场。
那些时尚与美的瞬间，才是你在职场应有的模样。

———

职场有不同类型，有的严谨，比如银行业，需要通过着装向客户展现"值得信赖"的职业形象；有的时尚，比如最近几年蓬勃兴起的新媒体机构，个性化着装代表着传播媒介的活力与时尚度。但无论哪一类职场，通过着装来"提升职场价值"这一点毋庸置疑。甚至很多情况下，职场着装的综合表达能力代表着你的影响力与薪酬博弈能力。

以下 6 个方法，会帮助你提升你的职场时尚穿搭能力。

### 巧妙用色

避免你的职场形象淹没在办公制服里。在公司着装规范允许的情况下，多选择彩色着装，至少要选择彩色配饰，因为鲜艳的颜色能够让人注意到你。在职场，你理应被所有人注意到。当你逐渐能够驾驭鲜艳的颜色，也就意味着你的影响力已经超越了公司里的很多同事，而影响力等于领导力。

**善用装饰细节和配饰**

比如，衬衣不选择保守的尖领，而选择蝴蝶结领，或是佩戴一枚精致又略显夸张的耳环、胸针。这些装饰细节和配饰会打破职场套装的沉闷，有助于塑造你的职场时尚感。

**鞋子也可以很惊艳**

想象一下，一双普通的黑皮鞋，和一双亮闪闪的水钻装饰的鞋子，哪一双瞬间就能把你和办公室里的其他人区分开来？

**每到经济下滑期，就会出现一轮小黑裙进职场运动**

经典小黑裙如果没有配饰，会很沉闷，但有些职场又不允许佩戴夸张一点儿的配饰，此时就可以选择有设计感的小黑裙来提升穿着者的时尚度。

下面两条小黑裙正是通过细节设计提升时尚度的。

———

能将小黑裙穿出精彩的人，
小黑裙对她的意义早已超越服装本身，
已成为一种简约而不简单的生活态度。

———

**改变妆容发型，提升职场时尚度**

比如用一支口红就能形成视觉层次；改变发型和发色，可以快速带来破框出圈的时髦感。

**一周七天与职场一衣多穿**

    一周七天，周一往往要召开重要的例会，大多数公司周一都要求穿着严谨的职场装；周二、周三可以穿"轻职场装"；周四、周五很可能需要穿适合商务场合的服装；有时则难免会在周六、周日出席沙龙或派对。

01

周一
行政例会

    我们分别通过一组图片呈现用白衬衣和小黑裙实现一周七天、一衣多穿的时尚穿搭方法。

在黑、白、灰为主色调的职场，蓝色以其温和文雅的视觉语言，为人们带来轻盈、干净和眼前一亮的明媚感。若天气稍冷一点儿，搭配一件同色系的风衣，穿脱自如。

## 02

周二
部门会议

## 03

周三
拜访客户

# 04

周四
拜访客户

# 05

周五
日常办公

走过工作日的一半，怀着饱满、明媚的心情投入周四的工作中，同一件白衬衣，一周当中却穿出了不同的心情。

周五可以穿"轻职场装"，用周一的黑白配色来结束一周的工作。一件白衬衣的配色，在一周中做到了"起承转合"。

潮流更替，岁月流转，只有白衬衣，
伴随我们在平平淡淡的人生和起起落落的世界里，
找到自己，回归平凡。

## 06

周六
户外郊游

## 07

周日
街头漫步

周末，是要"抬头看天"的日子，或户外郊游，或街头漫步……不变的，是那份要
慢下来的心情，为平日的匆忙赶路找到方向。

## 小黑裙的一周七天与一衣多穿

01

周一

行政例会

02

周二

部门会议

03

周三
拜访客户

04

周四
商务派对

05

06

周五
日常办公

周六
朋友聚餐

在职场，我们需要让人们通过服饰穿搭，看到我们的职场特质。比如，有些人看起来就像一个管理者，有些人一看就有销售才能，有些人看起来就很可靠……

看起来的"看"，看的是什么？是穿搭呈现出来的身份感与得体感。"你看他一眼，你就会信任他"，职场时尚穿搭，不能脱离信任感，盲目追求时尚感。因为职场首先是信任塑造场，其次是价值塑造场，我们应在信任与价值塑造的基础上，实现职场穿搭的时尚提升。

07

周日
都市行走

————
生命的本质在于看见和感知，
也在于被看见和被感知。
而时尚穿搭的背后是希望
更美、更好的自己被看见、被感知。
————

# 身形判断方法与不同身形的修饰穿搭方法

　　没有完美的身形，只有完美的穿搭修形。修饰身形是形象美学与服饰穿搭的核心目标。由于体形天然存在南北方差异、东西方差异，每个人的一生中，体形也会随着年龄发生变化。所以，从形象管理的角度，我们需要了解怎样判断身形，怎样根据身形找到合适的身形修饰穿搭方法。

**01**

**A 形（梨形）**

臀围－肩围≥5cm

**02**

**Y 形（草莓形）**

肩围－臀围≥5cm

**03**

**X 形（沙漏形）**

肩围－臀围＜5cm
肩围－腰围≥20cm
臀围－腰围≥20cm

**04**

**O 形（苹果形）**

腰围－肩围＞5cm
肩围－腰围＜20cm
臀围－腰围＜20cm

**05**

**H 形**

肩围≈臀围
臀围－腰围＜20cm

# 01 A形身材特征和身形修饰穿搭方法

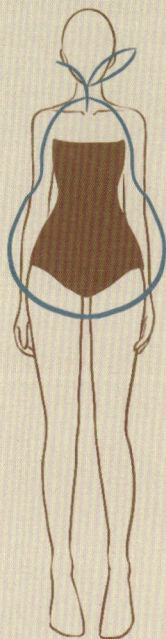

**● 身材特征**

- 肩部比臀部窄
- 胸部比臀部窄

**● 适合的着装**

- 宽松、收腰的长款上装
- 浅色上衣，深色下装
- 宽领、方领、一字领
- 裁剪利落的 A 形下装

**● 搭配关键词**

- 强化上半身
- 弱化下半身

**● 搭配禁忌**

- 包臀裙
- 紧身裤或紧身裙
- 上衣长度恰好到臀部最宽处
- 下摆收紧的裤子或裙子

**● 梨形身材穿搭参考**

# 02 Y形身材特征和身形修饰穿搭方法

### ●身材特征
- 肩部比臀部宽
- 胸部可能也会丰满

### ●适合的着装
- 简洁、适当收腰的上衣
- 抹胸裙或抹胸连体裤
- 阔腿裤、宽褶裙或直筒微喇裤
- 宽松的长款上衣（下半身失踪穿法）

### ●搭配关键词
- 强调下半身曲线
- 弱化肩部曲线

### ●搭配禁忌
- 全身紧身的连衣裙
- 夸张、设计繁复的上装

### ● Y形身材穿搭参考

# 03 X 形身材特征和身形修饰穿搭方法

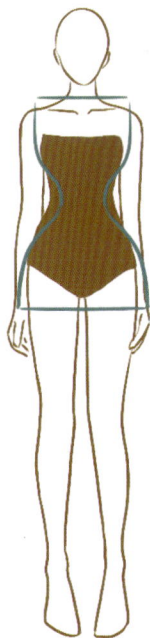

● **身材特征**

• 肩部与臀部宽度接近
• 腰部有一定曲线

● **适合的着装**

• 裹身裙
• 质地柔软的丝质服装
• 收腰款式

● **搭配关键词**

• 凸显曲线美

● **搭配禁忌**

• 太过硬朗的服装，会淹没你的曲线
• 太过宽大的服装，会遮掩你的曲线

● **X 形身材穿搭参考**

# 04 O 形身材特征和身形修饰穿搭方法

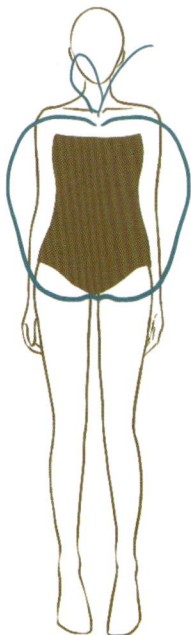

## ● 身材特征

- 上半身较圆润
- 腰围较大

## ● 适合的着装

- V 领、U 形领
- 单色、简洁的服装
- H 板型、插肩袖
- 高腰裤，露出脚脖子

## ● 搭配关键词

- 露出手腕、脚踝等全身最细的地方

## ● 搭配禁忌

- 膨胀的羊羔毛外套、面包服
- 落肩袖，会让身体显得更魁梧
- 低腰裤
- 紧身裙

## ● O 形身材穿搭参考

# 05 H形身材特征和身形修饰穿搭方法

● **身材特征**

• 轮廓直，腰部曲线不明显

● **适合的着装**

• 直线裁剪的长款外套（表现流畅感）

• 短上衣搭配高腰裙或高腰裤

• 上宽下窄的直筒裤

• 斜裁、下摆向外展开的裙子

● **搭配关键词**

• 展现流畅感或制造腰线

● **搭配禁忌**

• 没有腰身的紧身长裙

● **H形身材穿搭参考**

# 日常穿搭显高、显瘦的 6 个方法

在我担任女装品牌设计总监的 20 年里，在每一季设计完成后的产品整合与陈列搭配阶段，我都会对设计团队提出"检查一下，显高显瘦产品和显高显瘦搭配的占比是否超过了 50%"。如果答案是肯定的，这一季的销售一定不会差。

所有的服装设计和时尚穿搭，都是为了满足消费者修饰体形的需求，因为永远不会有完美的体形，服装设计师、版型工艺师、形象管理师所要做的工作，归根到底都是帮助消费者实现体形修饰，显高显瘦。

那么，反过来，从服装消费者和形象提升需求者的角度看，如果我们了解更多日常穿搭显高显瘦的原理和方法，我们就会更清楚日常穿搭怎么做才能帮助我们修饰体形、提升形象。

以下是日常穿搭显高显瘦的 6 个方法。

穿得合适，
比穿得流行更重要。

**舒曼错觉原理穿搭法**

A                B

　　A、B 两图中的白色矩形，哪个更宽？ A 更宽吗？其实两个矩形一样宽。这就是舒曼错觉。穿外套时，可以穿遮盖面积较大的外套，露出狭窄的内搭，更显高显瘦。这就是为什么不建议体形丰满的人士穿较薄的针织开衫。一些服装的分割设计也很好地运用了这个原理。

**艾宾浩斯错觉原理穿搭法**

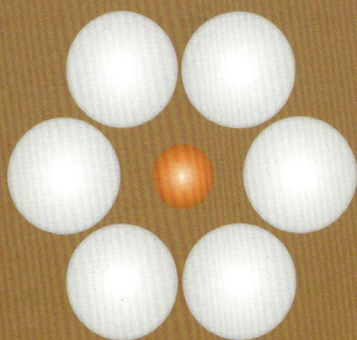 

A                                   B

  如果你以为 A、B 两图中的两个橙色球体大小不同的话，那你就被骗了，其实它们一样大。这就是艾宾浩斯错觉。夸张的肩部设计会让脸看起来更小，肥大的袖子让手臂看起来更纤细。同理，宽大的裙摆可以衬托出纤纤细腰，宽松的裤腿既遮肉又显腿长。

**亥姆霍茨错觉原理穿搭法**

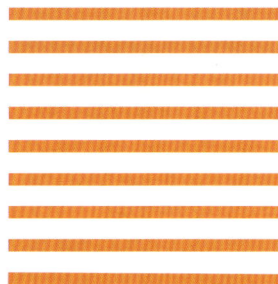

A

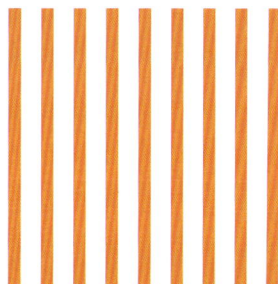

B

　　看 A、B 这两个由条纹组成的矩形，看起来 A 似乎更高，其实，A、B 一样高。这就是亥姆霍茨错觉——这两个面积大小相同的矩形，横条纹的看起来更高、更窄，竖条纹的看起来更矮、更宽。但要注意，只有细密的横条纹才显高显瘦，宽大、稀疏的横条纹反而显矮显胖。这也是经典法式单品海魂衫能火这么多年的原因之一。

**菲克错觉原理穿搭法**

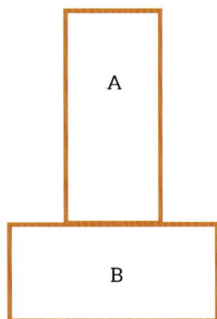

A、B 两个矩形哪个看起来更长？A 似乎看起来长一点儿。其实两个矩形一样长。这就是菲克错觉。日常穿搭中，内搭同色系，外套敞开穿会更显高。因为同色系穿搭没有被不同的色块切割，会给人视觉的连贯感。鞋裤同色也同理，如果鞋子与裤子选择同一颜色，可以纵向拉长腿部线条。

**缪勒 - 莱尔错觉原理穿搭法**

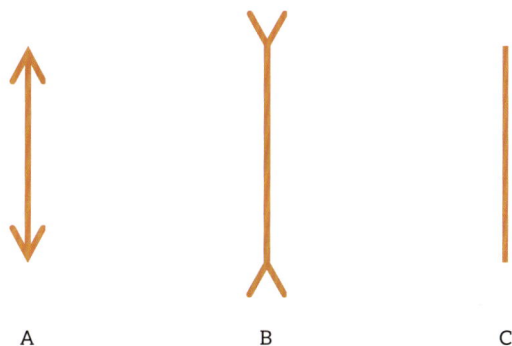

A            B            C

A、B、C 三幅图中的 3 条直线段，哪条看起来更长？ B 最长吗？ 实际上 3 条直线段一样长。这就是缪勒 – 莱尔错觉。因此，V 领的衣服，相较于圆领、高领的衣服，会给人一种身体更修长的错觉。秋冬穿大衣时，也可以通过叠穿开领衬衫、西装，来制造 V 形线条。穿衬衫裙时，还可以特意解开上下几个扣子，打造上 V 下 A 的感觉。

## 蓬佐错觉原理穿搭法

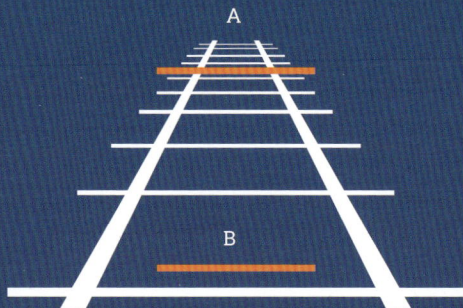

　　看上图，上下两条橙色线段谁更长？是上面这条吗？其实两条线段一样长。这就是蓬佐错觉，由于人们往往认为近大远小，所以会感觉位于梯形底部的线更短。日常穿搭中，A 字裙、伞裙和阔腿裤等 A 形款式可以很好地掩饰臀胯宽的问题，对比之下，你的胯宽会看起来比实际更窄。

除了可以用以上 6 个视错觉方法帮助我们在日常穿搭中显高显瘦以外，还有一些视觉转移与遮盖方法可以实现身形修饰。

| 身材特点 | 正确穿搭 | 错误穿搭 |
|---|---|---|
| 脸大 | 大 V 领、U 领、方领、彼得潘领、衬衫开领叠穿 | 高领、小圆领 |
| 肩宽 | 抹胸、无肩缝的衣服 | 夸张的肩部设计、一字领 |
| 胳膊粗 | 喇叭袖、七分袖、灯笼袖 | 宽吊带、无袖背心 |
| 胸部丰满 | 简洁、适当收腰的上衣 | 设计繁复的上衣 |
| 腰粗 | V 领马甲，穿搭时露出脖子、手臂、脚踝 | 紧身衣，高领、长袖、遮盖全身的衣服，低腰裤 |
| 胯宽 | 剪裁利落的 A 形裙、长风衣、阔腿裤 | 紧身裤或紧身裙 |
| 腿粗 | A 形半身裙、伞裙 | 紧身裤或紧身裙 |

当我们运用视错觉方法和视觉转移与遮盖的诸多方法时，始终记得"永远没有完美的体形"。所有穿搭方法的运用，都是为了扬长避短。扬长避短，是为了进一步了解自己、接纳自己，成就更美、更自信的自己。

# 时尚穿搭的
# 10 个高气场搭配方法

我们经常有这种经验：一个人迎面走来，我们远远就能感受到她的与众不同。这种"与众不同感"，尤其是外在服饰所营造的与众不同感，是比较容易通过时尚穿搭方法来实现的。

有些服装的款式本身就很有设计感，这种设计感使其和普通款不一样，这就是典型的与众不同感形成了高气场。当服装设计的高气场和穿着者本身的气场吻合时，人的气场会倍增。

但是，我们也有过这种经验：某件高设计感、高气场的服装，穿上身会很不自在。这种感觉的实质是你对自己是否能够驾驭这件高设计感的服装不自信。此时，我们要解决的不是穿搭本身，而是如何建立穿着自信。

穿着自信的建立有两个维度：一是对服装设计要充分了解，懂得它才能驾驭它；二是对自己的着装风格有所了解，包括曾有过类似设计感服装的穿着经验，知道应该怎样穿、怎样搭才更合适自己。

时尚穿搭不是电视节目里的素人改造。一位家政服务人员突然穿上一件高气场的珠片礼服，最大的可能不是突然就变时尚了，而是会很不自在，也会不自信。

所以，高气场穿搭，应先从搭配经典款的高气场服饰开始尝试，逐渐积累自己对高气场搭配的感知。你尝试过的经典款的高气场服饰穿搭越多，再逐渐尝试高设计感、高气场的服装，才能越容易驾驭。

下面是时尚穿搭的 10 个高气场搭配方法。

01　经典白衬衣搭配高品质配饰

02　经典外套搭配设计感内搭

03　经典连衣裙搭配设计感外搭

04　经典风衣搭配设计感配饰

05 混合搭配

06 叠穿搭配

07 同色系搭配

08　对比色或互补色搭配

09　穿搭高品质感的服装

10　穿搭高设计感的服装

FASHION

　　表面上看，我们在讲高气场穿搭方法，实际上，高气场是在表达生命之美。生命的本质在于"被看见"，美的本质也在于"被看见"。被看见的不只有外在形象，更高层次的被看见是我们的精神世界达到更高层次，我们的内心世界被看见。学习穿搭，了解高气场穿搭方法，只是构建生命之美的一部分。只有当我们在构建外在的时尚穿搭之美的同时，内心也在同步构建更通透、更智慧、更积极阳光的自己，由内而外的自信才能让我们由内而外散发出真正的高气场。

# 时尚穿搭的
# 10 个配饰运用方法

2006 年，我去参加纽约时装周，同行的王慧君女士是杰尼亚（Ermenegildo Zegna）、博柏利（Burberry）等国际品牌的中国代工方。那年她 65 岁，带了一个助理，专门管理她的大大小小 7 个旅行箱。她告诉我，14 天的旅行，她准备了 14 套完整搭配，装了 7 个旅行箱，"我一直坚持用高标准着装，包括高规格配饰，这也是在告诉国际同行，你可以放心地把你的产品交给我生产"。我认真地"参观"了她的 7 个旅行箱，每一套服装和每一套配饰，都整整齐齐地摆放在各种盒子里，"规格"之高，确实让人惊叹。这里说的"规格"既指服装搭配规格，也指配饰搭配规格。要知道，那是 2006 年，中国时尚产业刚刚进化到基础搭配阶段。王慧君女士用她的高规格配饰表达了中国第一代服装人的专业与敬业。

也是在那时，我留意到，国际同行和国内同行的差距往往就在"配饰运用规格"上。懂得配饰运用规格的人，往往比普通人更具备价值塑造与专业呈现能力。所以，配饰运用法则的第一条，就是懂得配饰运用的"规格"。

**懂得配饰运用的规格**

规格的字面意思是规范、标准，简单理解就是"合适"。比如你穿着小黑裙去上班，手拿一个亮闪闪的镶钻手包，会显得过于隆重；而你去赴一个商务晚宴，同样穿着小黑裙，戴上晚装礼帽，手拿镶钻手包，就非常合适。

职场上的白衬衣，加上一条小丝巾，可以为你的职场增添灵动性与时髦感；但你穿着一件经典白衬衣去参加画廊里举办的艺术沙龙，最好加上一条艺术图案的超大披肩，这就是与环境相匹配的配饰运用规格。

### 知道什么时候多，什么时候少

十几年前的穿搭教科书里，都会提到"建议配饰简洁"。过去，我也是这样做的。十年前，我只有腕表和戒指算得上配饰。今天，我去参加营销中心会议，一般不会用配饰；但我去设计中心讨论设计企划案，会戴上全套复古银饰——1条项链、2条手链、3只戒指，还会为我的破洞牛仔裤配上一条银色金属腰带，很夸张，但很适合和设计师们一起分析流行趋势的场合。当然，如果我出现在企业家论坛上，我仍然会戴回我的经典腕表与白金戒指。

我很能理解，在服饰穿搭知识没有普及的当下，读者对配饰仍然处在谨慎运用阶段。但配饰早已成为服饰穿搭的点睛之笔，尤其是当你学会了怎样用配饰凸显你的风格，配饰甚至会成为服饰穿搭的灵魂。

**配饰材质与色彩的选择**

我去年冬天买了一只苹果手表，配了三条弹力塑胶表带：橙色、绿色、蓝色。这是一只运动手表，所以我分别买了橙色、绿色、蓝色三双运动鞋来搭配，还有三副手套，同样是橙色、绿色、蓝色。我甚至搭配了橙色、绿色、蓝色口罩。我的运动服是白色的。我发现，每当我用上橙色表带、橙色运动鞋、橙色手套、橙色口罩时，我更容易完成运动目标。后来，我把家里的哑铃、杠铃和俯卧撑支架也换成了橙色。所以，今年一整年，我没怎么控制饮食，但我的体重始终达标。不得不说，这归功于全套橙色配饰和橙色运动器械给我带来的运动热情。

时尚在持续进化，就像十年前不会有哪个成年人把塑胶表带戴在手腕上，但今天，当你戴上运动型手表和塑胶表带，就表明你的心态年轻，看上去也会比同龄人时髦。

时尚在变，配饰也在变，包括配饰的材料和设计都在改变。比如，过去戴上一条价值不菲的钻石项链有一种尊贵与荣耀感。但现在，培育钻石正在兴起。临风君直播间上周刚刚采访了昭睿钻饰品牌创始人梁晓瑞，昭睿钻饰使用的就是培育钻石，质感、光泽、色彩相比传统钻石更具优势，但价格低了很多，年轻的时尚消费者会更容易接受。

配饰色彩，建议整体上和服饰配色相契合：同色系、邻近色系、对比色系，都是很好的选择。另外，手机也是配饰，当手机色彩或手机壳的色彩与服饰搭配合宜时，会塑造出出乎意料的时髦效果。

———

时尚是时间的沉淀，
时尚是内心的表达。

———

**你需要一只奢侈品包吗**

时尚是一个造梦场，尤其是奢侈品包广告宣传营造出的如梦似幻的高级生活方式及场景，很容易让我们误以为"拥有了一只奢侈品包就拥有了奢侈品包广告里的生活"。但事实很残酷，所谓"包"治百病，实际上说的是"钱带来的安慰"。每一个时尚行业从业者或是时尚生活方式追求者，都经历过"包"治百病安慰的破灭。无论你有多少钱，你最终都会发现，"包"治不了百病，也带不来快乐。

但我一直有一个观点：在经济条件允许的情况下，值得拥有一只奢侈品包，值得借助一只奢侈品包感知一下一只奢侈品包所代表的奢侈品牌背后的涵义。我一直认为：这个经历比那只包重要。当然，对有的人来说，对奢侈品包的狂热能带来积极的工作热情，以至于越买越有能力购买。但身处时尚行业20多年，我看到的大多数情况都不是如此。内心强大、钱包也强大的人，很快就认清了"包"治百病的悖论，反而是内心不强大、钱包也不强大的人，被"包"牵绊了一生。

包的运用、包的搭配，无论对男人还是女人来说，天生就不难，所以，这一课不需要讨论包的运用和搭配这个话题。我的结论和建议如下：（1）如果你强烈觉得你需要一只奢侈品包，倾尽所有买一只也未尝不可；（2）如果你真觉得这样好，又有足够财力，每天被包包围也未尝不可；（3）把眼光放长远，你放弃一只奢侈品包，可以换来很多只又好看又实用的新包，而且在时尚穿搭的配饰搭配方面，至少在包的问题上获得了解放，这一点，我个人觉得更重要。

## 必不可少的围巾怎么用

2012 年 12 月我去伦敦，路过迪拜，停留了一周。那是旅游度假的旺季，似乎全世界的游客都汇聚到了迪拜，我也前所未有地看到东西方各式各样的围巾汇聚在这座城市。从阿联酋航空的空姐，到迪拜度假酒店的住客，到朱美拉海滩的游人，再到迪拜街头的本地人……我第一次意识到，围巾是一种全世界通用的语言，你可以不说话，围巾已经可以帮你表达。从那次旅行开始，我就一直留意：同样是围巾，为什么有的人戴上它就像人间女神，有的人戴上它却显得有些俗气？以下两张表，既详细讲解了围巾的种类和系法，也有助于我们避免"踩坑"。

我们先来了解一下围巾的种类。

| 材质 | 适用范围 | 搭配指南 | 注意事项 |
|------|---------|---------|---------|
| 真丝围巾 | 四季适用 | 根据色彩搭配 | 避免过于艳丽<br>避免过多碎花 |
| 毛线针织围巾 | 春、秋、冬三季<br>无龄感 | 黑、白、灰色系围巾与同色系服装搭配，红色围巾适用于喜庆的节日 | 避免过于艳丽<br>避免过于臃肿 |
| 羊绒围巾 | 秋冬季 | 选择高质感的纯色围巾 | 避免过于厚重<br>避免过于宽大 |

我们再来看看围巾的系法。

| 系法 | 实际运用 | 注意事项 |
|------|---------|---------|
| 绕圈装饰领口 | 绕成一个圈塞进领口，或轻轻绕脖子一圈，留出空隙，不用打结，营造轻松的时髦感 | 避免过于整齐、方正地折叠 |
| 创意装饰门襟 | 把围巾塞进衣服扣眼，或搭下来装饰门襟 | 颜色花纹与衣服<br>不过于冲撞 |
| 外披显层次 | 适合羊绒类大围巾，天气稍冷的时候，披上一条围巾，时尚显气质 | 围巾的质感 |
| 引导焦点，形成层次，营造氛围 | 当服装本身比较低调时，可以用颜色亮丽的围巾引导视觉焦点 | 选择较百搭的颜色或适合皮肤的颜色 |

**腰带运用的 3 个原则**

腰带并不只是用来固定衣物的,它更多起到了装饰的作用。装饰服装、装饰腰线、装饰色彩、装饰身形比例等,使你的穿着更具时尚质感。我们之所以会对腰带"无从下手",大多数情况下是因为我们感到"突兀"。确实,腰带用不好,会突兀,会起反作用。但一旦用好腰带,就会呈现出一个与众不同的具有时尚质感的你。

腰带的材质、设计、制作工艺在不断变化,所以对于腰带的使用,没有一劳永逸的指南。当使用指南出现时,腰带流行元素又变了。最重要的是,如果你敢于尝试,持续积累使用经验,你很快就会发现腰带能实现意想不到的精彩穿搭。我总结了 3 个腰带运用的基本原则,我们一起来看一看。

第一,先窄后宽。

腰带的首要作用是分割人体比例、掩盖身材缺陷。此时,切忌在没有把握的情况下用宽腰带,因为宽腰带很容易把视觉焦点吸引到腰带本身,这就失去了分割人体比例、掩盖身材缺陷的作用。还有一句话一定要记得:腰越粗,腰带要越细。

第二,先雅后艳。

建议先从黑色、咖啡色、杏驼色这类雅致的颜色开始使用,逐渐积累腰带搭配经验后,再尝试鲜艳的色彩。但有一种情况可以大胆启用色彩鲜艳的腰带:项链、腰带、鞋子是同一个彩色系,服装是黑、白、灰色系,此时无论腰带是什么彩色,搭配起来都好看。

第三,先简后繁。

有时你看到一条缀满水钻的腰带很好看,毫不犹豫买回家,但很快就发现它喧宾夺主了,尤其是当服装本身就有设计感或是装饰了绣花元素时,此类复杂的腰带很不好搭配。先学会驾驭简单款,再根据服装搭配装饰款腰带。腰带繁简的选择也有一个基本原则:服装简,腰带繁;服装繁,腰带简。

### 怎样用帽饰记录那些激动人心的时刻

帽饰总是伴随着一些激动人心的故事。我不得不用一些版面来写几个与帽饰有关的故事。

2022年五四青年节前一周，时尚临风艺术空间来了一位特殊访客——72岁的欣姐姐（她只允许别人这样称呼她），她要为她96岁的妈妈定制一件礼服。我知道欣姐姐的女儿是中国顶级帽饰品牌"芸帽"的创始人孙子芸，我问她"为什么子芸没有一起来？"欣姐姐回答："她在教她女儿做帽子。"我忽然意识到，我遇到了难得一见的四世同堂的帽饰世家。我马上邀请欣姐姐一家四代来临风君直播间做一场五四青年节特别节目"四世同堂五四帽饰沙龙"。

上图：四世同堂五四帽饰沙龙
左下：72岁的欣姐姐
右下：72岁的欣姐姐和96岁的妈妈

那是一场激动人心的特别节目。沙龙开始前，欣姐姐看了看她 96 岁的妈妈，冷不丁几句话把大家逗乐了："不行，你今天太好看了，你那顶帽子要给我戴，你还要离我远一点儿。"这个快乐的家族做手工帽子快 100 年了，我有足够的理由相信，是帽饰给了这一家人快乐和自信。

我旅居墨尔本的第一年，有一天，我所居住农场的邻居，65 岁的养牛大妈艾伦，邀请我去她们家喝下午茶。当我穿着白衬衣到艾伦家时，看到艾伦穿着礼服、戴着宽檐帽，她先生杰克穿西装、打领结，还戴了男士礼帽，我立马明白我犯了一个错误。那天是墨尔本杯赛马会开幕的日子，墨尔本郊区的乡村家庭也会举办盛装聚会。

墨尔本杯赛马会对墨尔本人来说犹如一场时尚嘉年华，到处是各种争奇斗艳的帽饰，这成为墨尔本杯赛马会亮丽的风景。我问艾伦，农场离赛马会会场有一百多公里，为什么也要戴着帽饰盛装打扮？我记得那天艾伦回答我"我们需要华丽的帽饰，因为平凡的生活需要一些激动人心的时刻"。

在中国，像孙子芸这样的帽饰世家已经非常罕见了，像史依丽女士、路莹女士这样善于在各种场合用帽饰来记录那些激动人心的时刻的人，也已不多见。我们在一路飞奔的过程中，忘记了那些激动人心的时刻需要极具生活仪式感的帽饰来装点和陪伴。

帽饰的运用并不太难，我们来了解一下与帽子有关的礼仪。男士的帽子在工作、用餐、奏国歌或宗教仪式时都应摘下。女士的帽子在用餐、婚礼、宗教仪式，甚至是奏国歌时都可以戴着。但是，当帽饰过大，在工作或处于公共场合挡住了他人视线时，则应摘下帽饰。

**经典配饰三件套：项链、耳环、戒指**

无论时尚怎么改变，项链、耳环、戒指，一直都是配饰中的经典。无论是作为情侣的定情之物，还是家族流传的价值不菲的珠宝，项链、耳环、戒指一直都是上佳选择。其材质从钻石、白金、黄金、玉石、珍珠，到价格低廉但时尚度爆表的古银、合金、绿松石、水晶、玛瑙、皮革、棕绳、合成树脂等，几乎涵盖了所有你能想到的配饰材质。

作为时尚穿搭的经典配饰，它们也有 3 个运用原则。

第一，配饰风格统一。
因为项链、耳环、戒指总是成套佩戴，所以三者的材质风格与设计风格应尽量统一。

第二，搭配风格统一。
项链、耳环、戒指作为经典配饰运用时，尽量做到配饰风格和服装风格统一。

第三，搭配可分可合。
过去，作为经典配饰的项链、耳环、戒指总是一起佩戴，现在也有很多人尝试把它们分开，以实现时尚穿搭的个性化与时髦感。

**选择手镯还是手表**

通常的印象是"手镯时髦，手表经典"。但实际上，无论是经典皮革表带机械腕表、装饰用的石英时装腕表，还是酷酷的当代运动型电子手表，都是手镯的一种。

关于手镯，我只有一个建议：多种手镯组合运用，会产生各种你想实现的时髦效果。

比如"纯银手镯＋皮绳手镯＋玛瑙手镯"组合，为年轻人所热衷；一只手腕戴上十几只合金手镯，配上银色眼影、破洞牛仔裤，街头时髦感立即呈现出来；经典的"皮革表带机械腕表＋钻石手镯＋钻石戒指"组合，既高级又时髦。

**鞋子时髦了，你也就时髦了**

之所以说"鞋子时髦了，你也就时髦了"，是因为鞋子往往是我们最后想到的一件配饰。鞋子当然是配饰，尤其是在鞋子越来越具有装饰功能的今天，尽管很多人仍然把鞋子当作实用品来看待。

我们来了解一下，从配饰的角度，鞋子的作用是什么？

第一，鞋子能调节整体身高比例。

第二，鞋子能实现全身搭配元素的整体感。

第三，鞋子也能实现色彩搭配的平衡感。

这里我特别想强调的是鞋子的色彩和服饰整体色彩的平衡。下面这张照片，运用了典型的 333 法则搭配，如果缺失了鞋子的色彩呼应，333 法则搭配就失去了色彩平衡感。

时尚是选择的智慧，
是社会文化积累后的智慧选择。

关于配饰，如果要详细介绍，足足可以写一本书。配饰这一课把复杂的知识浓缩为以上 10 个方法，读者基本可以了解配饰在服饰穿搭中的重要作用。

中国当下的形象管理课程体系中，没有给予配饰足够的重视，很大一部分原因是配饰品牌（产品）在中国还处于初创阶段。配饰设计师、配饰品牌和配饰消费者都在探索中。但配饰的魅力早已被广泛验证，一旦你真正了解了配饰，哪怕只是简单了解了以上 10 个配饰运用方法，你会发现，配饰运用充满挑战，亦充满乐趣。

如果你想成为一个时尚穿搭爱好者，或者想成为时尚达人，甚至更进一步，想成为形象管理师，就需要掌握更多的配饰运用专业知识。在服饰穿搭的修炼过程中，每个人都是从服装搭配开始，一旦突破了服装搭配，配饰运用就会是让人充满乐趣的挑战。如果你已经进入这一步，恭喜你，你离成为时尚达人就不远了。

# 小黑裙的 100 种 时尚穿搭方法

**小黑裙不只是一条黑色的裙子**

在时尚领域，小黑裙绝不只是一条黑色的裙子。

当你只把小黑裙当作一条黑色的裙子，它就只是一条黑色的裙子，人们记住的是装在黑色裙子里被淹没在人群中的你。当你真正懂得小黑裙，懂得小黑裙需要用色彩点缀、用配饰呵护，它就承载了你形象提升的梦想，此时的小黑裙就不再是一条黑色的裙子，而是一种力量，托举你在人群中熠熠生辉的力量。

**小黑裙为什么能经久不衰**

小黑裙诞生已近百年，为什么能经久不衰？因为小黑裙既不会过于隆重，也不会单调乏味，会穿小黑裙的人，自带优雅气场又不会给周围的人造成压力。能将小黑裙穿出精彩的人，小黑裙对她的意义早已超越服装本身，成为一种生活态度，简约而不简单，优雅中隐含着女性的柔美力量。

———

当我们选择一件服装，我们选择的不是服装本身，
而是内心的文化认同。

———

## 必须了解的小黑裙历史

小黑裙诞生于 1926 年，香奈儿女士在《时尚》杂志上发布了一份著名的设计手稿：直身基本款，经典珍珠项链。近百年来，小黑裙为什么能够长盛不衰，而且不需要在设计上做大的改变和突破？因为它满足了所有人对女性美的社会期待。

小黑裙在第二次世界大战期间，开始快速兴盛。因为战争造成大量男性伤亡，需要女性走入职场，有袖、收腰、有扣的小黑裙成为兼具着装审美与职场便利功能的综合性服装。第二次世界大战后，随着战后重建，小黑裙在迪奥先生打造的 New Look 的影响下，经历过一轮鼎盛时期，并产生了丰富的服装造型变化。虽然小黑裙的长短、腰身、袖型、领型等设计元素开始丰富，但小黑裙经典优雅的基本特征始终没有改变。

从 20 世纪 60 年代赫本的优雅无袖小黑裙和梦露的性感裹身小黑裙，到摇滚年代的钉珠金属装饰小黑裙，再到当代材质工艺革命后出现的极简小黑裙，都赋予了这个百年单品梦幻般的超越时代的魅力。

一个人的美，尤其是气质美，
不在服装本身，
而在于你了解服装背后的社会文化后的沉淀与自信。

这一课，我使用了"100种时尚穿搭方法"作为标题，就是想告诉大家，对于小黑裙、白衬衣、风衣等诞生了几十年甚至上百年的时尚经典单品，我们真的需要掌握100种以上的搭配方法，才能驾驭它们的搭配，并驾轻就熟地实现时尚穿搭创意。

当我们了解了一些基本搭配法则后，在此基础上延伸出100种以上的搭配方法来，这才是我们在探索美的道路上所追求的"时尚，永不止步"。

以小黑裙的经典珠钻（珍珠或水钻）配饰搭配方法为例，小黑裙从诞生之日起，最经典的搭配就是用一条珍珠项链打破小黑裙的沉闷感。但时尚发展到今天，一条珍珠项链已经无法实现小黑裙的时尚穿搭与创意呈现了。

我们可以用几个数字搭配游戏，来练习小黑裙的各种时尚穿搭造型与创意创新。

**1+1 搭配**

1 条小黑裙 +1 条珍珠项链

配黑色高跟鞋，因为黑色鞋子视觉上和小黑裙是一体的，
不计为额外搭配

**1+2 搭配**

1 条小黑裙 +1 条珍珠项链 +1 个珠钻装饰的手包

配黑色高跟鞋，因为黑色鞋子视觉上和小黑裙是一体的，
不计为额外搭配

**1+3 搭配**

1 条小黑裙 +1 条珍珠项链 +1 个珠钻装饰的手包 +
1 双珠钻装饰的黑色高跟鞋

现在各位已经明白数字搭配公式的含义了：

第一个数字，是 1 条小黑裙；

第二个数字，是搭配的饰品的多少。

如果 1 条小黑裙搭配了 1 顶珍珠装饰的黑帽、1 对珍珠耳环、1 条珍珠项链、1 个珠钻装饰的手包、1 双珠钻装饰的黑色高跟鞋，那么，第二个数字是 5 吗？

不是，因为在第 25 课"时尚穿搭的 333 法则"里，我们提到：第二个数字不是配饰的数量，而是把身体分为 3 部分——脖子以上、身体部分、脚踝以下。上述搭配中，位于脖子及以上的帽饰、耳环、项链都是同一种材质（珠钻），所以只算 1；位于身体部分的手包和位于脚踝以下的高跟鞋各算 1。所以，尽管共运用了 5 种配饰，但因为同区域配饰的色彩和材质都相同，上一段搭配的数字公式仍然是 1+3（见下图）。

身体第 1 部分：脖子以上

身体第 2 部分：身体部分

身体第 3 部分：脚踝以下

现在我们来看小黑裙更复杂的数字搭配公式：1+3+3 搭配。

大多数配饰不只有一种材质，比如现在的耳环，可能会有珠钻和金属两种材质（色彩），此时，我们的配饰需要做材质（色彩）呼应。比如，金色的耳环和黑色腰带的金色配饰上镶有珠钻，鞋子上装饰珠钻的托底也是金色的。这样，一条小黑裙就搭配上了一系列珠钻配饰和金属装饰。耳环在脖子以上，腰带位于身体部分，鞋子位于脚踝以下。此时，数字搭配公式就变成了 1+3+3（见下图）。

**1+3+3 搭配**
1 条小黑裙 + 身体上、中、下 3 个部位的珠钻配饰 +
身体上、中、下 3 个部位的金属装饰

耳环：珠钻 + 金属

腰带：珠钻 + 金属

鞋子：珠钻 + 金属

顺着这个公式思考：

怎样才是小黑裙的 2+3+3 搭配呢？

怎样才是小黑裙的 3+3+3 搭配呢？

小黑裙 + 外套就是 2；

小黑裙 + 外套 + 风衣（或大衣）就是 3。

如果外套是绿色的，怎么搭配？用绿色配饰来呼应。

可以是小黑裙 + 绿色外套 + 其他颜色的风衣吗？可以，这取决于配色是否协调。

比如，小黑裙 + 绿色外套 + 卡其色风衣的配色就非常协调。

现在，按照以上数字搭配公式，你肯定可以延展出超过 10 种的搭配方法。

**2+3+3 搭配**

1 条小黑裙 +1 件绿色外套 +
身体上、中、下 3 个部位的绿色 +
身体上、中、下 3 个部位的金色配件

**2+3+3 搭配**

1 条小黑裙 +1 件卡其色风衣 +
身体上、中、下 3 个部位的绿色 +
身体上、中、下 3 个部位的金色配件

　　我想再强调一点：小黑裙的3+3+3搭配，已经包含足够多的元素了，再增加配饰（或色彩）就会喧宾夺主，小黑裙会被配饰淹没，其魅力也会荡然无存。

　　时尚也是智慧，时尚是选择的智慧。当你了解了服装的穿搭方式及其背后的社会文化后，就会懂得如何借助时尚与美的力量，增添自信，展现智慧。

　　行万里路，读万卷书，着装也是行路。

# 白衬衣的 100 种
# 时尚穿搭方法

每个人都有一个和白衬衣有关的故事。仔细回忆，你的记忆里一定储存着属于你的白衬衣的故事。

白衬衣早已成为所有人心目中的经典着装，只是因为它太日常，我们往往忽略了白衬衣原来也可以很时尚。

我依然清晰地记得，"只穿白衬衣的临风君"这个标签，来自《深圳晚报》的时尚编辑李颖。10 年前，她在一篇采访报道的第一句话中这样介绍了我。从此以后，"只穿白衬衣的临风君"就成了我的一个识别符号。

一开始我并不是刻意只穿白衬衣，因为来深圳创业，既要管理一家时装公司，又要管理一家时尚新媒体机构，实在是太辛苦，我就用最经典的白衬衣来作为日常着装搭配的"底色"。当越来越多的人问我："临风君，你为什么只穿白衬衣？"我就会回答："白衬衣自己会说话，你看，你就记住了我穿白衬衣的模样。"

一件有品质的经典白衬衣，无论你怎么穿，都富有格调，也撑得住气场。

**白衬衣怎样搭配才能打破常规**

经典基础款白衬衣很容易穿得沉闷，有设计感的白衬衣又容易与自身气质不符，怎么办？记住以下几个口诀。

单穿　　叠穿　　前穿

后穿　　八个穿　　上穿

下穿　　斜穿　　不穿

卷袖子　　卷裤子　　开领子

开扣子　　八个子　　竖领子

歪扣子　　加绳子　　夹夹子

单穿

叠穿

前穿

后穿

上穿

下穿

斜穿

不穿

开领子

开扣子

竖领子

卷袖子

卷裤子

歪扣子

加绳子

夹夹子

# 六个系

( 系前面 ) ( 系后面 ) ( 系上面 ) ( 系下面 ) ( 系左面 ) ( 系右面 )

系前面

系后面

系上面

系下面

系左面

系右面

**白衬衣的 333 色彩搭配**

左上：2+1

左下：2+2

右下：2+3

左上：3+1

右上：3+2

右下：3+3

**白衬衣＋牛仔裤＋大地色风衣**

人生从来都不完美，
就像你永远不会有一件完美的白衬衣。
用一点心思在色彩上，用一点心思在搭配上，
同样是不完美的白衬衣，同样是不完美的一天，
但你会快乐起来，
因为，你的白衬衣，搭配得很美。

## 100 种搭配与 100 种人生

掌握以上方法，我们会发现，一件白衬衣真的能实现 100 种时尚穿搭。

但白衬衣不仅仅是一件白色的衬衣。如果我们只把白衬衣看成白衬衣，我们得到的只会是一件白衬衣，别人记住的也只是装在一件普通白衬衣里的我们。就像每一件经典白衬衣，看上去都差不多，可是，每一件白衬衣穿在不同人的身上，都会呈现出它与众不同的样子。我们所要做的，不仅仅是把衣服穿出不同的样子，还要在把衣服穿好看的过程中"努力做更好的自己"，有了自己的特质和风格，同样的白衬衣穿在你的身上，一定会有你独特的样子。

白衬衣的 100 种搭配，不仅仅是搭配，还是 100 种对生活的感知和体会。

# 24 种生活方式 / 场景
# 穿搭示范

10 年前，我女儿初中毕业，我们全家去澳大利亚旅行，我有意识地带她参观了悉尼的一所高中。她惊讶地说："这里的校服太好看了。"出于这个原因，她决定来这所学校读高中。

有一次，她在电话里告诉我："爸爸，我知道为什么外国人那么会穿衣服了。我在深圳读书，一年四季只有一套校服；但是我在这里，有时一周要准备十几套衣服——礼仪校服、常规校服、体育课服、网球课服、郊外跑步服、国庆日正装礼服、乐队排练演出服、鱼薯午餐会轻便服、中餐厅聚会轻礼服、意大利餐厅日半正装礼服、操场电影会是穿睡衣……相应的鞋子有礼仪日皮靴、正装皮鞋、日常皮鞋、跑步鞋、运动鞋；相应的帽子有宽边礼帽、窄边软帽、外出遮阳帽、室内正装帽……"

虽然澳大利亚中学的着装要求并不是强制规定，只是建议，但着装认知与着装礼仪，已成为学校基础教育的一部分。很多国家的孩子从小到大的生活方式 / 场景与接受的生活方式 / 场景的着装训练就是如此。

在今天的中国，很多人不具备在社会角色转换时应该转换着装的意识，或者有着装转换意识但存在着装搭配困惑。在我们向美好生活迈进的同时，我们已经快速进入了需要时刻在职场、家庭、社交等多种场景频繁转换身份的多种生活方式时期，但我们并未积累多少着装搭配知识与着装礼仪常识。很多女性，一条花连衣裙从菜市场穿到家长会会场，再穿到儿女的婚宴现场。她们不是买不起更多好看的衣服，而是不知道怎么搭配。

我在这 20 年的女装品牌设计和新媒体写作过程中，逐渐形成了用生活方式／场景来推演时装设计与时尚穿搭的思维模式，我后来把它运用于时尚临风美学院的形象管理师课程里，称之为"生活方式／场景着装搭配训练法"。

我首先将生活方式 / 场景归为 3 大类别、24 个场景，如下图所示。

| | | |
|---|---|---|
| **职场** | **精英职场** | 高管会议、国际会议 |
| | **轻职场** | 行政会议、日常办公 |
| | **派对职场** | VIP 沙龙、吧廊沙龙 |

| | | |
|---|---|---|
| **社交** | **约会** | 情侣约会、吧廊酒会 |
| | **宴会** | 白领结 |
| | | 黑领结 |
| | | 小礼服 |
| | **休闲** | 时尚休闲 |
| | | 运动休闲 |
| | | 精致休闲 |
| | **旅行** | 文化旅游、都市行走、海边度假、沙漠旅行 |

| | | |
|---|---|---|
| **家庭** | **家庭派对** | 节日团聚、家庭生日 |
| | **家庭时光** | 亲子时光、家庭娱乐 |
| | **家庭度假** | 家庭出游、亲子徒步 |

以上24种生活方式/场景中，有一些是这几年逐渐出现的新的工作方式与生活方式，比如吧廊沙龙、吧廊酒会，它们有的属于工作性质，有的属于社交休闲，有的属于工作与生活融为一体的新的工作生活方式。

然后，我提出了"13579生活方式/场景搭配训练法"。简单表述就是"1件单品、3个场景、5种搭配、7种延伸、9种练习"。

1件单品、3个场景、5种搭配很好理解：为每1件单品设置3个不同的生活方式/场景，在自己的衣橱里找出5种搭配。留意这里的核心是"3个不同的生活方式/场景"。比如1件外套，分别穿着去上班、去参加沙龙酒会、去参加新品发布会，分别怎么搭配？这需要经常练习，形成条件反射，每当拿起1件单品，都要能想到3种场景5种搭配。

当我们对 1 件单品、3 个场景、5 种搭配做到驾轻就熟后，就可以扩大到 7 种搭配，甚至 9 种搭配，也可以理解为"1 件单品如何做到一周 7 天搭配不重复"训练。

01 周一　行政例会

02 周二　部门会议

03 周三　拜访客户

04 周四　拜访客户

05 周五　日常办公

06 周六　逛街出行

07 周日　朋友约会

04

05

06

07

　　24 种生活方式 / 场景与 13579 生活方式 / 场景着装练习，看似是两串数字，但这两串数字的背后，是社会着装文化的再认知。面对每天社会身份和场景的转换，进行着装上的快速应对，也是一种智慧，因为时尚穿搭不仅关乎穿与搭，穿搭的背后，是积累足够多的社会文化认知和服饰穿搭知识后的选择，所以时尚穿搭也是选择的智慧。

# 第 7 部分

# 怎样管理你的四季衣橱

# 为什么你总是觉得
# 没有衣服穿

为什么你总是觉得没有衣服穿?

为什么你的衣橱里永远少一件衣服?

为什么衣橱都塞不下了,你还是找不到衣服穿?

你是否总被这 3 个问题困扰? 如果是,恭喜你,因为这说明你是一个对着装有要求的人,而对着装有要求的人,一定是对生活有态度的人。

但是,这 3 个问题毕竟困扰了你很多年,从解决问题的角度,我们先来分析一下,这 3 个问题形成的原因是什么。

你经过一家服装店,被橱窗模特穿的一条裙子吸引,它仿佛一下就嵌在了你的心上。但理智告诉你,你不缺一条裙子,你回头望了它一眼,虽有所迟疑,但还是走了。回到家,一晚上你脑海里都是那条裙子,你对它念念不忘。第二天下班后,你忍不住去试穿了,虽然有点贵,你还是买下了它,你不想晚上回去还继续想着它。可是当你把它买回来,穿了两三次后,你忽然觉得没有那么喜欢它了。然后,它和其他衣服一起挤在某个角落里,逐渐被你遗忘。

喜新厌旧是所有人的共性，这是人类探索新世界的一种方式。保持对新事物的好奇与探索新事物的热情，是人类进化的本能反应，对新衣服的热情也来源于此，所以你不必内疚。你所要解决的首要问题是，怎样让你的日常穿搭保持新鲜感。而要解决这个问题，你还要溯源解决另一个关键问题：你的衣橱缺乏管理，你的服装的场合比例、色彩比例、款式结构比例严重失调，导致你很难实现搭配创新。

让日常穿搭保持新鲜感有 3 个方法。

第一是学习色彩搭配。用色彩搭配的冲击力让一件穿过多次的衣服焕发出新的活力。

第二是学习穿搭技巧。通过衣服之间不同的排列组合，让那些看上去没有新鲜感的衣服再次焕发出新的吸引力。

第三是学习配饰运用。尤其是流行色配饰、流行元素配饰，花费不多，但与经典款式搭配往往会有意想不到的视觉效果。

为了更好地运用以上 3 个让日常穿搭保持新鲜感的方法，需要溯源解决衣橱管理中的场合比例、色彩比例、款式结构比例问题，下一课我们会专门讲解。

# 服装搭配可以感性，
# 但衣橱管理需要这 **6** 点理性

　　服装搭配能力体现的是我们的审美感知能力，所以服装搭配是一个感性大于理性的过程。但面对塞满了的衣橱还找不到衣服穿的你来说，需要以下 6 点理性来帮助你解决问题。

### 理性调整衣橱现有服装的场合比例

　　每个人服装的场合比例都不一样，这取决于你的职场身份和职场、社交、休闲、居家 4 种生活方式 / 场景所占的比例。比如，你是一位职场精英（创业者或高级管理者），职场和社交场有很多重叠，那么你的精英职场服装（高品质经典款）占比会超过 50%；如果你是一位以家庭为主、职场为辅的家庭平衡型职场人，你的社交、休闲、居家场合的服装占比会更高；再比如你是一位时尚行业从业者，你的职场装中设计款占比就应该超过 50%。

　　所以，衣橱管理首先要求理清自身职场、社交、休闲、居家 4 种生活方式 / 场景的比例，随后根据生活方式 / 场景比例，调整衣橱里服装的比例。

### 理性调整衣橱现有服装的色彩比例

　　最容易犯的错误是，你根据直觉买回来的衣服，和衣橱里的其他衣服无法搭配，这往往是色彩冲撞造成的。比如你的职场和社交场都属于较严肃的场合，可是你自己喜欢色彩鲜艳的衣服，你的衣橱里塞得满满的都是各种流行色，每一件单独看都好看，可是它们很难相互搭配，无奈之下，你只有把它们束之高阁。

想要解决以上问题，不妨试试将衣橱色彩按二八比例来规划。

- 20% 个性色与流行色。
- 80% 中性色与无彩色。

上述提到的 4 类颜色，具体含义如下。

- 个性色：你一直喜欢也很合适你的凸显个性的颜色。
- 流行色：不同季节流行的颜色。
- 中性色：灰度高、饱和度低的彩色，比如驼色、杏色、深蓝色。
- 无彩色：黑色、白色、灰色。

**保持经典款与设计款的合适比例**

经典款与设计款的比例是否合适与个人风格有关，通常我们也建议保持二八比例。

- 20% 设计款（设计款或个性图案款）。
- 80% 经典款（经典设计款、基础款、打底搭配款）。

二八比例是通行原则，还需要根据职场是倾向于严谨还是时尚来调节。

### 保持合理的衣橱循环比例

衣橱循环比例是指按季节补充、淘汰、留存的比例。同样建议采用二八比例。

比如，衣服总量是 100 件，新买了 20 件，相应也要淘汰 20 件。让衣橱始终保持一个合理的循环比例，就不容易出现塞不下、找不到、配不出的问题。

### 为衣服"丢、留、买"制定理性规则，不单凭感觉行事

每一件衣服都有购买它的理由，而购买过程是一个决策过程，就像我们总是不愿意承认"我做了一个错误决定"一样，我们也很不愿意承认"买错了"。但每个人的衣橱里都有大量买错了的衣服，甚至一次都没有穿过。我们总以为会在某个场合用到它，但实际上，等你遗忘了它很多年，再想穿时，它已经泛黄了，无法再穿了。

因此，我们需要遵循"丢、留、买"的通行规则。

- 丢：破旧的、变形的、起球的、劣质的、泛黄的、褪色的、过时的……
- 留：经典的、基础的、高品质的、好搭配的、还在流行的……
- 买：喜欢且需要的、喜欢且合适的、喜欢且好搭配的……

此外，在做"丢、留、买"决策时，可以反复问自己 3 个问题：

第一，你需要它吗?

第二，它适合你吗?

第三，你喜欢它吗?

**为购买制定理性原则，防止被"种杂草"**

社交媒体的"种草"属性，天然是为唤醒女性购买冲动而存在。我们很容易被某个物品所吸引，而忽视了是否需要、是否合适。所有只是被外观所吸引或是被某种有趣的特质所打动的"种草"，都是不必要且不合适的被动"种杂草"。为防止冲动购买，我们需要单独为购买制定理性原则，这里列举八个防"杂草"原则。

第一，不被打折冲昏头脑，品质好、设计好的衣服不会轻易打折。

第二，衣服是用来穿的，不只是用来看的，尽可能试穿，不要被"所看即所爱"误导购买。

第三，衣服是用来匹配你的生活方式和生活场景的，不要把好看但是永远没有场合穿的衣服买回家。

第四，带着清单购买，心中有数才不会被盲目"种草"。

第五，参考预算购买，避免买回一堆衣服才发现信用卡透支太多。

第六，参考流行趋势购买，避免买回来才发现设计元素早已过时。

第七，带着色彩搭配意识购买，避免买回才发现衣服单件好看，搭出来无法穿。

第八，带着风格认知购买，避免买得杂、穿得乱、风格模糊、形象受损。

———
着装的背后是自信，自信的背后是赞美，
赞美的背后是从容，从容的背后是智慧。
———

# 拯救你的四季衣橱：
# 10 件 "桥梁款"

"为什么衣橱都塞不下了，还是找不到衣服穿？"对于这个问题，我已经在前两课分析了原因，也找到了一些解决方法。我们现在已经非常清楚：我们不是真的没有衣服穿，而是很多衣服没有合适的搭配。

这一课，我通过引入"桥梁单品"来解决"没有搭配"的问题。

什么是桥梁单品（桥梁款）？在我 10 年时尚新媒体总编和 20 年女装设计总监的职业生涯中，我始终负责着这样一项重要工作：研究什么样的搭配才能被更多读者、更多消费者接受。我逐渐发现：无论是设计款还是经典款，都离不开一些看似不起眼，但任何人都不可或缺的搭配单品，我称之为桥梁单品。桥梁单品接近于胶囊衣橱中的经典搭配款，但不完全是。胶囊衣橱的核心价值是"用最少的单品实现最多的搭配"，但桥梁单品的核心作用是"给更多款式创造更多搭配的'桥梁'"。比如，小黑裙和白衬衣在胶囊衣橱里不会特别受重视，但小黑裙和白衬衣几乎可以和所有单品实现相互搭配或连接搭配，并且四季皆可用于相互搭配或连接搭配。这也是这本书用了大量篇幅来讲小黑裙和白衬衣的原因。可见，桥梁单品也就是能帮大多数款式的服饰实现穿搭多样性的搭配款或连接款。

除了小黑裙和白衬衣，还有哪些款式可以作为桥梁单品？在下表中我总结了衣橱必备的 10 件桥梁单品。

| 图示 | 桥梁单品 | 作用 |
|---|---|---|
|  | 小黑裙 | 起搭配连接作用的百搭桥梁单品 |
|  | 白衬衣 | 起搭配连接作用的百搭桥梁单品 |
| | 白色外套 | 起遮盖作用的桥梁单品 |
|  | 白色针织开衫 | 起遮盖作用的桥梁单品 |
|  | 白色 T 恤 | 起叠穿过渡作用的桥梁单品 |
|  | 流行色背心 | 起色彩衬托作用的桥梁单品 |
|  | 流行色打底衫 | 起色彩衬托作用的桥梁单品 |
|  | 牛仔裤 | 适应多场合搭配的桥梁单品 |
| | 阔腿裤 | 起平衡重心作用的桥梁单品 |
| | 中裙 | 起丰富造型层次作用的桥梁单品 |

怎样理解和运用这 10 件衣橱必备的桥梁单品？它们和经典搭配款的区别是什么？

　　经典搭配款强调自身的外穿作用，而桥梁单品强调的是它的辅助作用。如下图所示，有设计感图案的连衣裙的视觉冲击力较强，单独穿会和很多场合有冲突，用白色外套与之搭配，能遮盖连衣裙图案过强的视觉冲击力，让穿着者能适应更多场合。

# 衣橱管理是通过衣橱了解自己，与自己的内心对话

深圳电台文化星空栏目主持人叶丹 6 年前辞职了，去香港浸会大学读视觉艺术硕士。3 年前她回到深圳，创办了一个独特的生活方式空间：咖啡吧 + 画廊 + 衣橱整理工作室。那时我问叶丹："你现在的主业是什么？"她说："生活整理师。"见我面露疑惑，她补充道："在大众的理解中，这个行业的主要工作是衣橱整理，其实不只如此。对我而言，这是一份可以终身从事的职业。"

我有些诧异：衣橱管理可以理解，因为叶丹的本科专业是服装设计，可是衣橱整理收纳，真的需要一个视觉艺术硕士来做吗？

直到叶丹反问了我一个问题："当我们在谈论衣橱的时候，我们在谈论什么？"我才忽然意识到：衣橱是形象承载之所，形象是内心的外在映照，如果衣橱混乱，实际说明的是我们内心的失序。

这是 3 年前的一场对话。3 年后，我逐渐意识到，衣橱整理，包括更进一步的衣橱管理，整理（管理）的不仅仅是衣橱这个空间本身和空间内的衣服。当我们更清晰我们所拥有的服装，知道它们的数量，了解它们的状态，懂得它们之间的比例与搭配逻辑，我们就会在时间的流逝与岁月的沉淀中，通过

选择与整合，将它们留存在衣橱里，留存在我们的认知中。

此时，留存在衣橱这个空间里的，就不仅仅是衣服本身，还有我们内心的秩序，一种健康、有序的人与物、人与空间的关系。衣服理应具有的色彩比例、搭配结构、选款逻辑，会自然而然地在我们的内心形成秩序。我们将不再一头扎进混乱的衣服堆里翻找，不再埋怨永远缺一件当下最想穿的衣服，不再需要面对不知道怎样搭配的焦虑与无助……这种良性循环也会有助于我们面对混乱生活里的焦虑与无助。

人生是一场寻找，寻找更美更好的自己，寻找更美更好的生活方式，寻找更美更好的生活空间……在我们一路向前飞奔的路上，我们总以为我们寻找的那个"更美更好"在远方，所以我们很容易忽视当下，就像我们忽视了衣橱里已有的更美更好的服装，以为更美更好的服装在商场、在橱窗。

如果安静下来整理衣橱，整理的过程会让我们对衣橱产生很多疑问和惊喜：为什么我购买这件衣服的时候那么激动，买回来却没有认真搭配它，没有好好地穿过它？天呐，这一套搭配出来这么漂亮，我居然没有发现！这些衣服我从来没有穿过，我为什么要一直留着呢？原来断舍离除了需要方法，还需要勇气。如果你开始关注衣橱，开始让你的衣橱拥有更加合理的比例、结构、逻辑，你会发现，这种对衣橱的关注，对衣橱比例、结构、逻辑的管理，会延伸到你生活的方方面面。

对衣服、对衣橱的规划与整理，会让人反观自己的生活秩序。所以，启动衣橱管理，同步启动的也是对自己内心的反观；衣橱的秩序，也会延展到内心的秩序、生活的秩序。由此，你将开启一场与衣橱的对话，也是一场和自己内心的对话。

衣橱整理不仅仅是整理衣橱，
也是整理生活。

# 第 8 部分

# 怎样升级
# 你的
# 气质与气场

# 找到你的气质定位，
# 找到你的生命坐标

在形象美学兴起前，气质是心理学的研究范畴：心理学中的气质是指与生俱来的心理特质和行为特质，是受遗传因素影响较多，不容易改变的人格特质。

在形象美学发展早期，有很多人提出：气质是一个人外在呈现出的某种风貌。随着形象美学行业发展得越来越成熟，形象美学领域逐渐趋向于将气质表述为内在人格特质与外在风貌的结合：形象美学中的气质是指个体在先天特质与后天因素共同影响下的言行举止与仪态风貌，是受生活方式影响，能被部分改变的行为特质。

因此，在形象管理师眼里，气质是可以被塑造的。但是，气质的塑造与改变只能是在先天特质基础上的部分塑造和改变。因此，了解自己的先天气质类型，在先天气质定位框架内扬长避短，就能起到事半功倍的效果。

现实中，不是每个人的气质都能归结于某一种气质类型，会有很多人属于中间型或混合型。通过大致了解自己的气质定位，结合自身的职业形象和期望达到的形象气质目标，我们就可以通过扬长避短法，针对性地训练和塑造自身的气质。

## 01 春季气质

多血质

像春天一样朝气蓬勃、
热情敏锐、灵活多变

## 02 夏季气质

胆汁质

像夏天一样阳光热情、
真诚坦率、任性开朗

## 4 种气质类型

## 03 秋季气质

抑郁质

像秋天一样多愁善感、
柔和细腻、深情忧郁

## 04 冬季气质

黏液质

像冬天一样沉着冷静、
稳重踏实、理性克制

举个例子：一位大大咧咧的女生忽然爱打扮了，说话也温柔了，有时还多愁善感了，我们的第一反应是她谈恋爱了，爱情的力量让她在夏季气质（胆汁质）的基础上，具备了一些秋季气质（抑郁质）的特质。这个案例中，如果没有恋爱的力量，运用形象美学的方法，也能让一位大大咧咧的女生逐渐学会打扮、练习温柔的说话方式、训练情感感知能力。此时，一位夏季气质（胆汁质）的女生，经过形象美学的专业训练，就具有了兼具夏季气质（胆汁质）和秋季气质（抑郁质）的混合型气质。

再举个例子，有的女性气质刚强，冷静克制，是非常典型的冬季气质（黏液质），非常有利于在职场获得优势。但她如果要出席一些浪漫的场合，则需要在妆容造型和着装搭配上弱化刚强与冷静感。

了解自身的气质定位，同时知道形象气质也需要在不同的生活场景中或强化或弱化，从而驾驭人生各个阶段的生命状态，那么我们的气质就会逐渐沉淀为自信，帮助我们绽放出生命的光彩。

# 气质养成：
# 气质提升"36 计"

我们在上一课提到，形象美学中的气质是指个体在先天特质与后天因素共同影响下的言行举止与仪态风貌，是受生活方式影响，能被部分改变的行为特质。那么，反过来说，言行举止、仪态风貌、生活方式会对气质提升起到潜移默化（经过长时间的积累甚至举足轻重）的影响。以下是 36 个生活中的细节，也可以说是将普通的生活日常过得不平常的生活方式细节，持续感知与修炼，一定能使我们的形象气质产生意想不到的改变。

（1）保持阅读的习惯。我们总说"腹有诗书气自华"，阅读不仅能积累知识，翻开一本书时的优雅姿态，阅读时的沉静温柔，都会让阅读者本身建立起可以感知到的书香气质。

（2）品尝咖啡或茶。咖啡是植物的种子，是生命的一部分；茶叶是进行光合作用的植物嫩芽。它们不仅汇聚了养分，还能调动人类对味觉的丰富感知。品尝一杯咖啡，看茶叶在氤氲的氛围里舒展，都会让人内心沉静。

（3）看日出或日落。穿上你喜欢的衣服，口红的颜色要对应日出或日落时的色彩，让头发自然散开，在光影里感知你和阳光的对话。

（4）看经典老电影。那些经过岁月洗礼的经典电影，能被人一年一年翻出来观看，是因为它们充分汇聚了精彩的艺术和人文表达。

（5）偶尔写或读一首诗。诗歌的作用是将我们的灵魂从琐碎的日子里拖拽出来，抚慰我们的疲惫，让我们可以抵御岁月的无情，帮助我们保留一颗纯粹的内心。

（6）来一场说走就走的旅行。不需要精心筹备，哪怕就是坐一小时公交车到附近乡村的湖边坐上半天都算。说走就走，想看就多看一会儿，偶尔跳离常规，你才会在琐碎的日常里感知更丰富的人生。

（7）保持和音乐的对话。不需要"懂"音乐，你愿意的话，学一学乐器很好，没时间就在上班的路上戴上耳机听一听或熟悉或陌生的旋律。当你沉浸在音乐里，你能发现很多音乐都演奏出了你内心的声音。

（8）随手拍照。学一点简单的构图和光影知识，手机就可以帮你记录平凡中的非凡。"咔嚓"一声不是为了记录风景和他人，而是帮你记录此刻你捕捉到的世界的角落。

（9）保持思考。看到一个词语，你会思考这个词语背后的深刻含义吗？比如"时尚"是什么？试着用你的理解为时尚定义。这种贯穿于日常生活中的思考练习可以帮你积累智慧。

（10）保持敏锐。草尖上的露珠、花蕊上的蜜蜂、一只好看的杯子上的花纹、一本书的排版……万物皆潜藏着美，优雅气质离不开对美的敏锐感知。

（11）使日常生活具有仪式感。早餐没有摆盘也能吃，但有摆盘的早餐会开启你一天的幸福感。夜空中有一轮圆月，你可以穿着睡衣到阳台上看一眼，但你还可以换上小黑裙，戴上珍珠项链，看看月光怎样映照到你的心里。

（12）淋一场雨。当然是在身体状况较好的时候。雨水顺着头发和额头滑下，无论是蒙蒙雨丝、斜风细雨，还是倾盆大雨，哪一种雨都是大自然的恩赐。

（13）看一朵花开或是等一片枫叶落下。我们看的不是花，等的不是叶，而是一朵花或是一片叶中生命的循环和期待。

（14）像插花一样对待一盘水果。每一种果实都有不同的色彩，无论你是今天吃下它还是存放几天，那些色彩都值得用一个漂亮的盘子摆放整齐，你会看到一盘具有旺盛生命力的色彩在你的房间绽放。

（15）散步的时候试试抬头向上看。无论是城市高楼之上的天际线，路灯穿透树叶留下的斑驳光影，还是一只慌张的鸟掠过夜空，城市有很多被忽视了的美的细节，能发现细节里的城市，就能和这个城市相拥。

（16）坐地铁时带上一本书。除了看手机，还可以看周围的人，你拿着一本书认真阅读的样子，也会成为别人眼里的风景。

（17）换季时试试把墙上的那幅装饰画也换一下。大自然每一年都有四季轮替，生活再普通，生活也不应该只有一季。

（18）闺密聚会定个着装主题。当一场聚会有了着装主题，会发生很多微妙的变化：所有人的着装都会很养眼，拍照不会杂乱，参与人对美的感知也会有所提升。于是，一场聚会就潜移默化地推动了大家的形象气质提升。

（19）坚持运动。运动不容易坚持，但是，一旦你开始坚持了，意想不到的回报会源源不断地出现：健康的体态、红润的面色、轻盈的脚步，连微笑都会更好看，因为运动减低了体脂率，你笑起来没有双下巴，也没有赘肉。

（20）好好喝水。喝水能加速代谢，改善肤色，减缓衰老，这些好处大多数人都知道。建议用一只漂亮的杯子喝水。当你把水倒进一只有纹理的晶莹剔透的玻璃杯，水和杯子碰撞产生的摇曳光影，会让你爱上喝水。

（21）一日三餐均衡营养。越来越多的女性已经明白，节食减肥并不是最好的选择。运动＋营养均衡，才能带来好体态、好姿态、好状态。

（22）始终保持得体，尤其是一个人的时候。一个女人的精致，往往体现在别人看不见的地方。当人潮散去，一个人居家，还能保持得体，这样的女人，无论何时走在路上，都会展现出足够的自信。

（23）用鲜花装饰房间。无论是春暖花开的日子，还是草木凋零的季节，鲜花绿植都特别珍贵。没有外出看风景的时间和心情，不如将家里的角角落落装点出春天的样子。

（24）用愉悦自己的心态做一顿饭。从挑选食材到清洗切菜，从翻炒出锅到精心摆盘，当你沉浸在一顿饭的"创作"里，你就会活在你自己的生命里。生动地活着才是生活，我们可以为活着对付一日三餐，当然也可以生动地活着来对待一粥一饭里的生活。

（25）带着微醺的期待温一壶酒。一个人也好，三两好友也好，把工作和家务放在一边，把灯光调暗，配上一段音乐或是一部电影，气氛氤氲，万物可爱。

（26）留意日常生活中的小细节。日常细节决定生活品质，也决定形象气质。比如在公共场合剔牙齿、挤痘痘，无论你怎么掩饰，那些动作都会让你的气质荡然无存。

（27）保持口气清新。除了早晚刷牙，中午也要用漱口水。口气清新才能让人更愿意接近。当你口气清新，语速舒缓，语调温柔，你自己都会感知到"口吐兰花、舌送丁香"的迷人魅力。

（28）吃东西别吧唧嘴。你很有可能已习以为常，没有觉察到这个细节，但吃东西时吧唧嘴会让周围人皱眉头，身边有这样的朋友也要委婉提示他。

（29）一年四季都要防晒。不防晒，皮肤很容易光老化、长色斑、长皱纹。如果男朋友总是笑你"天天出门都拿一把遮阳伞，多此一举"，你可以告诉他防晒的重要作用。

（30）任何时候衣服都不要有褶皱。衣服有了褶皱，会让你的穿搭显得廉价，更重要的是，你总会想到衣服有褶皱，这会打击你的自信。

（31）学习穿搭，关注流行。流行色和流行趋势是社会文化的一部分，当你的日常穿搭能结合流行色和流行趋势，你很容易就能成为众人关注的焦点和学习的范本。

（32）减少衣服数量，提升衣服质量。把衣服单价提到自己承受范围内的较高水准。衣服的价格会帮你区分衣服的质感和裁剪，而好的质感和裁剪会让你从得体的着装中获得自信。

（33）抬头挺胸，步伐坚定。任何时候都要做到这两点，因为当你稳步向前，气质提升的同时，也能使他人更加信任你。

（34）避免大喜大怒，避免表情夸张。大喜大怒和表情夸张，除了容易让人长皱纹，还会破坏气质，因为气质的根本要义是"相由心生"，拥有平和的表情、平静的内心、平稳的状态，自有温和从容的大气之"相"。

（35）不说话时也保持嘴角上扬。因为，最好的气质，永远是微笑里的绽放；最美的形象，永远是微笑时的模样。

（36）定期清空自己，做一些看似无意义的小事。煮一杯不浓不淡的茶，冲一杯让人放松的咖啡，画一幅不用讲究技法的画。生活有时需要仪式，生活有时需要坚定，生活有时也需要淡然。

人生就像钟摆，

在或激烈或温和的岁月里来回摇摆，

而在其中，是放空的中间状态。

无论处在哪一种状态，

都是我们在历经生活的千帆……

千帆历过，气质终现。

# 气场塑造：
# 生活阅历的积淀

想象一下，迎面走来一个人，你的视线还没有聚焦于她，但你已经感觉到了她的与众不同：妆容精致、衣着考究、眼眸流光、自信沉稳……这是我们感知到的一个人的气场。

### 从形象美学的角度来说，什么是气场

气场是指一个人的气质对周围的人与环境产生的影响。换句话说，当一个人的气质由内而外散发出足够独特的魅力，他人就能感知到某种感染力、震慑力。

## 特质、气质、气场的区别是什么

一个清秀的孩子，清秀是特质，不是气质，更不是气场；

一个温婉的少女，温婉仍然是特质，不是气质，更不是气场；

一个优雅的女性，优雅不再是特质，而是气质，但也不足以成为气场；

一个光芒四射的女性，光芒四射不是特质，也不只是气质，而是气场。

气场看不见，摸不着，却能让人或赏心悦目，或顶礼膜拜，或趋之若鹜，或望而却步。特质多为与生俱来，气质是人的外在形象与内在特质的静态呈现，气场则是人的强大内在特质与显著外在形象综合而来的动态呈现。

气场包含了气质，气质是气场的内核。一个人的气质向外散发，和周围的人、事、物相互影响，就成为气场的一部分。所以评价气场不会说好或坏、美或丑，而只有强大和弱小之分。气质优雅美好并不代表气场强大。

特质更关乎自带——有没有？

气质更关乎个体——好不好？

气场更关乎互动——强不强？

气场的核心要素由外在和内在两部分组成。气场的外在部分是指眼神、谈吐、妆容造型、肢体语言等。其核心是眼神，而眼神又关联着气场内在部分的核心要素——坚定、自信、沉稳。一个自信的人，一个气场足够强大的人，眼神果敢坚定，目光炯炯有神。反之，内心缺乏自信的人，眼神也会暗淡无光，视线游离不定。

坚定、自信、沉稳，是人的品质，是在生活的磨炼中沉淀出来的。这些品质能让周围的人不自觉地信服和跟从，所以气场强大的人往往受人景仰。可见，气场也是一种影响力。坚定、自信、沉稳的品质，也与生活的大智慧密不可分，这就不难理解，为什么有智慧的领导者往往具有较强大的气场。

气场强大的人，一定是长期自律、坚持不懈的人；

气场强大的人，一定是形象得体、自信沉稳的人；

气场强大的人，一定是内涵丰富、智慧深厚的人；

气场强大的人，一定是光明磊落、无所畏惧的人；

气场强大的人，一定是为人通透、心胸宽广的人；

气场强大的人，一定是与众不同、特立独行的人。

长期自律、坚持不懈、形象得体、自信沉稳、内涵丰富、智慧深厚、光明磊落、无所畏惧、为人通透、心胸宽广、与众不同、特立独行……这些品质，综合在一起，就能形成强大的气场。但所有这些品质，都是长期磨炼的结果，都不是通过短时间学习、塑造而来。

生命是一场对美的追寻，人生是一场持续修炼的过程。从有特质到有气质，是一次形象跃升；从有气质到有气场，更是内外形象与生命质量的双重磨炼与跃升。

时尚装置艺术作品：《生长》

作者：临风君

材料：织布梭子、织机木板、铜条

地点：深圳，时尚临风 5F 艺术空间

## 结语

# 与生活和解，
# 才能遇见更美的自己

我一直把自己视作时代的幸运儿。

有幸成长在可以写诗，可以学钢琴的 20 世纪 80 年代；有幸在 20 世纪 90 年代成为年轻的大学钢琴教师；有幸在电视访谈栏目刚刚出现的 20 世纪 90 年代成为第一批主持人；有幸在中国服装品牌启蒙的千禧年成为第一代中国女装品牌创业者；有幸在微信公众号刚刚发布的 2012 年率先注册了"时尚临风"微信公众号；有幸在中国文化再次成为热潮的 2015 年开始创作时装音乐剧、艺术跨界秀；有幸积累了 5 年海外旅居与文化行走经历；有幸抓住了短视频与直播的新风口……

有时我也在想，无数个"有幸"的背后，是否存在某种必然？直到上个月的一天，我在直播后台收到一位读者的私信：

"今天听了临风君的直播内容非常伤心。我就是临风君直播间提到的那种不敢打扮自己的女性，我从来不敢穿自己喜欢的衣服，从每天的服装选择开始，就只会将自己包裹成他人喜欢的样子，而不是自己想成为的样子。对服装的放弃，演变成了生活中方方面面的妥协。我成了长辈、老师、同事、朋友眼里的那个懂事的孩子、学生、下属、同事、朋友，习惯了掩藏自己的光芒，习惯了从每天的着装、形象开始，放弃成为那个独一无二的自己……"

我问她多大了，她说 36 岁。我思考了很久怎么回复她，最终只回了一句："与生活和解，任何时候都不迟。"作为中国最早的时尚类公众号"时尚临风"的创办人，10 年来，临风君在后台读到了太多看似和服装相关，实则是有生活疑问与生命困惑的留言。

　　服装是一个载体，形象是一个放大器。回望我所走过的半生，在很多个人生的十字路口，是服装帮我打开了幸运之门。初中进城，没有那套有 6 个口袋的列宁装，我不会被老师从人群里挑出来负责校园广播站；高中毕业，没有那件 22 颗纽扣的风衣，我不会那么早意识到形象管理之于人生关键时刻的重要性；那件立领白衬衣，见证了一位走出大学校门的年轻人走上另一个人生舞台的光耀时刻；那枚金属胸针，带我走进了国际文化交流的舞台……

　　服装是我们的生活日常。从我们出生的那一刻，从每天清晨起床的那一刻，从出门的那一刻起，我们怎样对待每天的着装，我们就在怎样对待每天的日常。

　　如果你真的留意，你一定会发现，在很多个关键时刻，命运之手都会和服装关联在一起，只是你从来没有这么思考过。服饰、妆容、造型看似为形象话题，可是因为这些话题无时无刻不存在于我们的日常，以至于我们都忽视了形象不仅仅关乎日常，更关乎我们一生 3 万个日日夜夜的生命质量。

　　你不说话，色彩密码已经将你表达；你不表达，服装搭配已经开启了你和自己的对话……我们是活着，还是生动地活着，这个问题，我们每天的服饰妆容都在回答。

　　形象管理与时尚穿搭，就是一场与生活和解的持续对话！

临风君

2022 年 11 月 16 日

**时尚互动艺术作品：荷塘月色**

作者：临风君、时尚临风艺术空间的访客和观众

材料：油画板、画布、丙烯颜料

艺术互动方式：访客自由绘画。每月一幅自由创作作品，每幅作品 100 人以上参与创作。一年内，它们作为艺术装置作品，允许访客自由创作与拍照打卡；一年后累积 12 幅作品，用于举办"荷塘月色"互动装置艺术展，观展观众延续创作。展览结束后，图案用于印染织物并制作成时尚秀装，成为时尚临风艺术跨界秀的一部分。